KB051203

돈 들이지 않고 혼자 할 수 있는

홈스테이징 × 인테리어

돈 들이지 않고 혼자 할 수 있는
홈스테이징 × 인테리어

초판 1쇄 인쇄 2020년 10월 13일
초판 1쇄 발행 2020년 10월 19일

지은이 | 조석균
펴낸이 | 하인숙

기획 | 김현종
편집 | 김경민
디자인 | 정영해

펴낸곳 | ㈜ 더블북코리아
출판등록 | 2009년 4월 13일 제2009-000020호

주소 | (우)07983 서울시 양천구 목동서로 77 현대월드타워 1713호
전화 | 02-2061-0765
팩스 | 02-2061-0766
이메일 | doublebook@naver.com

ISBN 979-11-85853-81-9

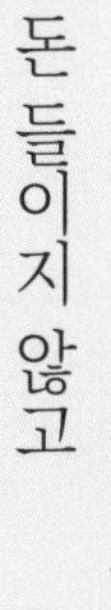

돈 들이지 않고 혼자 할 수 있는

홈스테이징 × 인테리어

더블북

프롤로그

홈스테이징, 일상에서 마법을 외치다

"슛!"

연출자의 신호와 함께 TV 카메라에 불이 들어왔다. 기다렸다는 듯 아나운서가 오프닝 멘트를 꺼냈고 어디의 어느 집이 어떻게 바뀌었다는 내용이 간단히 소개된 뒤 카메라 앵글은 나에게 맞춰졌다.

"홈스테이징이 무엇입니까?"

여느 인터뷰와 마찬가지로 익숙한 질문이 내게 돌아왔다. 잡지나 신문의 기사도 사정은 비슷하다. 만약 우리가 흔히 알고 있는 인테리어 시공 관련 인터뷰나 기사였다면 이런 질문은 건너뛰었을 것이다. 적어도 "인테리어가 무엇입니까?"라는 질문은 지금까지 들어 본 적이 없다. 그러니 매체에 관련 기사가 실릴 때마다 같은 질문을 받거나, 기사 말미에 홈스테이징에 대한 정의가 실리는 것은 어쩔 수 없다.

홈스테이징이란 무엇인가? 우리가 집에 대해 늘 원하지만 제대로 실현하지 못하고 있는 것, 그것이 바로 홈스테이징이다. 당신은 물론이고 우리 모두가 이미 일상에서 홈스테이징을 하고 있지만, 그것이 홈스테이징인지 모를 뿐이다. 나는 이러한 홈스테이징의 개념을 명확히 정의하고, 널리 소개하는 한편, 배움을 원하는 이들에게 전수하는 일을 오랫동안 해 왔다.

2002년 당시 국내 유명 한의원의 인테리어를 맡아 시공했는데, 그때는 아직 국내에 홈스테이징이 생소하던 시기였다. 결과물이 좋아서였을까? 마침 환자로 방문했던 어느 여자 고객이 병원의 인테리어를 보고 누구 솜씨냐고 물었다고 한다.

입소문이라는 것은 늘 이렇게 난다. 누가 사 온 빵이 맛있다면 '어느 가게 제품인가요?'라고 묻고, 또 누가 입은 옷이 예쁘다면 '어느 매장에서 산 건가요?'라고 묻기 마련이다. 나는 병원 인테리어를 계기로 인테리어를 잘하는 디자이너라는 입소문의 당사자가 됐다.

그녀는 치료차 들른 한의원에서 뜻밖의 결정을 했다. 고민하고 있던 인테리어를 해결할 전문가를 한의원에서 찾은 것이다. 상담은 실제 거주하는 집을 보고 나서야 제대로 이루어질 수 있기에 팀원들과 그녀의 집을 방문하여 살펴본 뒤 필요한 인테리어를 조언했다.

언제나 그렇듯 일은 차근차근 진행됐고, 어느덧 모든 작업이 완료됐다. 내가 제안하고 고객이 수긍한 작업이 끝난 것이다. 그런데 어딘가 모르게 2퍼센트 부족하고 이상하다는 느낌이 들었다. 주위를 찬찬히 둘러보니 현관부터 실내 곳곳에 이상하고 불편한 점이 눈에 띄었다. 시공에는 별 문제가 없었지만 뭔가 빠진 듯 부자연스럽고 거북한 부분은 한두 곳이 아니었다.

"이 침대는 이쪽으로 옮기고, 의자는 여기 침대 안쪽 가장자리로 옮기자. 그리고 이 시계 자리는 여기가 아냐. 침대에서 눈을 뜨면 딱 보이는 곳에 둬야지!"

고민하던 끝에 내가 발견한 이상한 점들을 하나씩 정리해 보기로 했다. 나의 생각대로 물건이 옮겨질 때마다 어색하고 불편했던 요소들이 하나둘 사라졌다. 모든 작업은 순조로웠다. 가구의 특성과 실내 구조, 조명과 고객의 취향까지 고려했다. 그러자 각종 가구와 소품이 처음 위치와 달리 어울리는 제자리를 찾아갔다.

작업이 모두 끝났을 때 지켜보고 있던 사람들의 눈빛이 휘둥그레지며 놀라움을 감추지 못했다. 기존 가구와 소품의 재배치만으로 인테리어의 확연한 변화를 목격한 고객은 '마법이야!'를 외치며 기쁨을 감추지 못했다. 나는 그녀의 얼굴에 감동과 놀라움이 가득한 미소가 번지는 것을 보았다. 이것이 내가 국내에서 처음 시도했던 홈스테이징이다.

2003년부터 2011년까지 미국의 한 방송사에서 흥미로운 예능 프로그램이 방영됐다. 낡고 불편한 집의 인테리어를 전문가들이 큰 비용 부담 없이 바꾼 후 매매를 도운 TV 프로그램 '셀 디스 하우스(Sell This House)'다. 물론 그들 중에는 실제 거래를 한 경우도 있고, 주거를 목적으로 홈 스타일링, 즉 홈스테이징을 시도한 경우도 있다.

2000년대 초반에 미국에서는 닷컴버블, 즉 IT버블이 붕괴되면서 상대적으로 부동산 시장이 주목받기 시작했다. 정부는 경기부양을 위해 금리를 인하했는데, 낮은 이자로 대출을 받아 부동산에 투자하려는 사람이 많아진 덕분이었다. 그러자 남들보다 빨리 집을 팔겠다는 사람들이 나타났고, 이들은 홈스테이징으로 집의 변화를 꾀했다. 거래가 쉽지 않았던 집들을 새롭게 스타일링을 하고 그 홍보 영상을 제작해 올린 것이었는데 효과가 매우 좋았다. 쉽게 말하면 매수자의 마음에 들도록 집의 인테리어 스타일링을 바꾸는 것, 즉 '안 팔리는 집을 팔리게 만드는 것'이다.

미국과 캐나다 등지에서 시작된 홈스테이징은 '매매'가 주목적이나 한국에서는 매매보다는 실제 거주자의 안락함과 행복을 도모하는 역할에 중점을 둔다. 그래서 외국의 홈스테이징이 '이렇게 멋지게 거주할 수도 있다'라는 모델을 제시하는 것에 가깝다면, 국내에서는 '이렇게 멋지게 당신이 거주하게 된다'라는 실질적인 삶의 변화를 가져다준다.

내가 첫 번째 고객의 인테리어 시공을 하면서 '이상한 점'을 발견하고 이를 바로잡기 시작했던 것이 홈스테이징이었다. 우리가 말하는 '이상한 점'이란 인테리어 소품이나 가구가 제 가치를 제대로 실현하지 못하고 있는 상태를 뜻한다. 그 때문에 공간은 공간으로서의 본래 기능을 발휘하지 못한 채 그 가치를 상실한다. 마치 작은방이 창고가 되고, 서재가 아이들 장난감이 나뒹구는 놀이방이 되듯이 말이다.

이전에는 인테리어와 홈스테이징을 딱히 구분 짓거나 별도의 분야로 보지 않았다. 그러나 의뢰를 받은 집을 방문하면 직감적으로 '이상한 점'을 느끼고, 해결할 아이디어가 떠올랐다. 홈스테이징에 필요한 반짝이는 감각이 생긴 것이다.

홈스테이징을 통해 고객이 환호하며 감동한 것은 물론이고 집의 긍정적인 변화에 나 자신도 종종 놀라움을 느낀다. 특히 홈스테이징은 일반적인 인테리어와 달리 비용이 거의 들지 않는다는 장점이 있다. 비용이

드는 경우는 구조를 개선하지 않으면 답이 나오지 않는 상황이거나 물건이 너무 낡아 도저히 쓸 수 없을 때 정도다. 또 굳이 더하자면 전문가의 도움을 받을 경우 아이디어 사용료가 조금 들 수 있다. 그래서 의뢰인 대부분이 크게 만족하며 결과에 감동한다. 버리기로 마음먹었던 가구나 소품의 가치가 재탄생되어 살아나고 집의 기능이 최적화되니 기쁘지 않을 사람이 어디 있겠는가. 그것도 적은 비용으로 큰 감동을 줄 수 있다니, 나에게는 이 또한 마법이다.

오랫동안 외면을 받으며 팔리지 않던 집도 홈스테이징으로 마법을 부렸다. 복잡했던 집이 정리되고 안락해져 누구나 살고 싶어 하는 집으로 바뀐 덕에 매수자의 마음을 매료할 수 있었다. 당연히 거래도 성사됐다.

국외에서는 매매를 유도하기 위한 연출로서 홈스테이징이 각광받고 있다면 국내에서는 이 외에도 실거주자의 삶의 질을 높이는 데 가치를 두고 있다. 실제로 많은 고객이 홈스테이징으로 이끌어 낸 집의 긍정적인 변화에 놀라워하며 감동을 받는다.

'마법'이라고 외쳤던 첫 번째 고객은 물론이고 그 이후로 홈스테이징 산업에 본격적으로 뛰어들어 지금까지 만난 수많은 고객들 또한 집의 변화에 한결같이 마법에 홀린 듯한 반응을 보였다.

더러는 변화된 집을 보고 자신이 직접 할 수 있는 일인데 그러지 못했다며 아쉬움을 표현하는 이도 있다. 이는 충분히 가능한 일이다. 돈을 들여 새로운 것을 사지 않고, 기존 물건의 잃었던 가치를 찾아주는 일이 바로 홈스테이징이기 때문이다. 더구나 진정한 홈스테이징은 같은 위치라고 해도 1센티미터의 여백에서 차이를 만들어 낸다. 그래서 놀라운 변화의 이유를 쉽게 알아차리지 못하는 경우도 있다. 침대나 소파를 벽과 조금만 띄워도 전체 분위기가 바뀐다는 것은 얼마나 마법 같은 일인가.

이런 점으로 미루어 홈스테이징(home staging)은 마법(magic)이나 다름없다. 중요한 것은 이 마법을 마법사가 아닌 일반인 누구나 부릴 수 있다는 사실이다. 방법은 아주 간단하다. 그저 공간에서 '이상한 점'을 찾아내고 해결법을 제시할 수 있으면 된다. 다시 말해 선입견을 버리고 자신이 주체가 되어 사물과 인간을 배려하는 방법을 찾으면 된다. 사람이 사람을 배려하게 만들고, 더 나아가서 가구나 소품, 반려동물도 배려하게 만드는 홈스테이징의 비밀! 이제 일상에서 마법을 외쳐 보자.

이 책은 부족한 능력이지만 돈 들이지 않고 집 안을 확 바꿀 수 있는 홈스테이징을 널리 알리고자 하는 필자의 소명 의식에 의해 쓰였다. Part 1에서는 홈스테이징의 실제 사례를 Befor, After 사진과 설명을 곁들여 소개했으며 Part 2에서는 홈스테이징에 대한 30년 노하우를 여덟 가지 키워드로 정리했다. 마지막 Part 3에서는 예산이 소요되는 인테리어를 홈스테이징의 관점에서 진행하면 비용을 줄일 수 있고 공간 활용도도 높다는 점을 설명하기 위해 네 가지 사례를 소개했다.

≪홈스테이징 인테리어≫가 세상에 나오기까지 많은 분의 도움이 있었다. 우선 황명하 작가님, 더블북 하인숙 대표님께서 많은 도움과 영감을 주셨다. 또한 오늘의 내가 있을 수 있도록 30년 동안 나를 믿고 소중한 공간을 맡겨 주신 분들께 감사드린다. 아울러 책이 출간되기까지 늘 곁에서 격려하며 든든한 지원군이 되어 준 가족들에게 고마운 마음을 전한다.

2020년 9월

조석균

차례

Part 2

성공하는 홈스테이징의 여덟 가지 법칙

Part 3

구조 개선 홈스테이징

in

Home Staging

Part 1 돈 걱정 없는 셀프 인테리어

홈스테이징

01

1 년 동 안 외면받던 집 3일 만에 거래되다

01

1년 동안 외면받던 집 3일 만에 거래되다

홈스테이징 후 3일 만에 집이 팔렸어요!

이사를 하는 이유는 다양하다. 출퇴근 문제, 자녀 교육 문제를 비롯해 경제적 여유가 생겨 더 넓은 집으로 이사하기도 하고 노후 생활을 여유롭게 보내기 위해 도심을 벗어나기도 한다.

이렇듯 사람들은 저마다 자신의 바람을 실천하는 방법 중 하나로 이사를 선택한다. 그런데 이사를 하려면 우선 살던 주택의 매매가 이루어져야 한다.

1년 전 개인 사정으로 이사를 하기 위해 집을 내놓았지만 집이 팔리지 않아 고심하던 한 고객이 홈스테이징을 의뢰했다.

현관에 들어서자마자 거실 풍경이 시선을 압도했다. 확장된 베란다를 중심으로 놓인 커다란 대리석 탁자와 의자가, 거실 벽으로 컴퓨터 책상이 놓여 있어 마치 서재를 옮겨 놓은 듯했다. 거실이 가지고 있는 아늑한 분위기와는 달리 어수선한 분위기가 집을 보러 온 매수자들에게 어떻게 비쳤을까.

집을 팔기 위한 홈스테이징을 제안했을 때 고객의 반응은 신통치 않았다. 홈스테이징 이후 홈페이지에 올리기 위해 사진 촬영을 마치고 나서 3일 후에 집이 팔렸다는 소식이 들렸다.

거실

이 아파트의 거실에는 6인용 대리석 식탁이 중요한 자리를 차지하고 있었다. 식탁이 아파트의 탁 트인 전망을 가리고 있어 집 내부의 분위기가 무겁고 어두웠다. 게다가 현관에서 들어오면 제일 먼저 왼쪽에 피아노 옆면이 보였다. 아마도 피아노가 있는 집이라면 이 집과 마찬가지로대개 피아노가 거실의 한 면을 차지하는 데다 피아노 위에는 다양한 소품이 즐비할 것이다.

책장도 마찬가지였다. TV가 없는 거실에 커다란 책장이 있었고, 책장 위에는 소품들이 빼곡했다. 거기에 오래된 대형 웨딩 사진과 가족 사진들

이 거실 벽면을 가득 채우고 책상과 화분까지 자리를 차지하고 있으니 집이 좁게 보이고 숨 쉴 공간이 부족했다. 살면서 늘어난 살림살이가 집 곳곳의 여유 공간을 잠식해 버린 것이다.

자녀방

자녀방의 모습이다. 공간이 복잡해지는 것은 의외로 고정관념 때문인 경우가 많다. 책상의 위치가 반드시 창문 앞이어야 한다는 관례는 어디서 생겨났을까. 이 관례대로 책상을 배치하다 보니 커튼이 제 기능을 하지 못하고 있다. 책장 위에 놓인 잡다한 물건들은 시선을 산만하게 하여 불편한 느낌을 준다. 벽면 상단에 걸려 있는 액자들은 박스와 물건들 뒤에 반 이상이 가려져 있어 답답해 보인다.

이런 공간은 어떻게 바꾸어야 할까.

우선 침대를 장롱과 나란히 평행하게 놓았다. 그러자 책상과 나란히

창 밑에 자리했던 화장대 겸 서랍장이 침대와 장롱 사이에 편안하게 놓일 수 있었다. 이때 침대를 벽면에 바짝 붙여야 한다는 고정관념에서 벗어나 침대와 벽면 사이를 살짝 띄워 주면 이불과 커튼이 벽면 틈새로 자연스럽게 늘어질 수 있다.

책상과 책장은 창 밑이 아닌 벽면을 보게 했다. 책상에 연결된 책장의 폭이 별도의 큰 책장보다 작아 창틀과 벽 모서리에 충분히 들어갔고, 커튼 자락도 방해되는 물건 없이 본래 모습을 유지하여 편안함을 더했다.

여기서 의문이 하나 들 수 있다. 책장 상단에 쌓여 있던 물건들과 화장

▲
복잡함은 의외로 고정관념을 중심으로 커질 수 있다.
책상의 위치가 반 드시 창문 앞이어야 한다는 법은 누가 만들었을까.
책상의 높이 때문에 커튼이 제 기능을 못하고 있었다.
책장 위의 물건들도 사람의 시선을 가로채어 불편하게 보인다.

대나 방바닥의 화분들이 보이지 않는다. 예리한 독자들은 이미 알아차렸겠지만 앞의 정리된 거실 사진을 보면 대형 책장과 베란다 사이에 꾸며진 미니 정원을 볼 수 있다. 방 안에 초록의 식물을 하나쯤 두는 것은 나쁘지 않지만 식물도 가능하면 볕을 보며 살아야 한다. 홈스테이징은 이렇듯 사람은 물론이고 인간과 더불어 사는 동물이나 식물조차도 배려하는 마음을 바탕으로 한다.

거실에 있던 대리석 식탁과 의자들은 모두 주방으로 옮겼다. 소파를 기준으로 베란다 쪽에서 벽면을 바라보던 책상도 반대 방향으로 옮기가 그 가치가 살아났다. 책상을 벽이 아닌 환한 베란다와 마주 보게 하자 곁에 놓인 소파와 비슷한 색상이라 잘 어울리기까지 했다. 소파의 뒤쪽 벽면을 덮고 있던 액자와 시계도 정리했다. 액자 두 개 중 하나는 주방으로 옮겼다. 사람들은 대개 기념하고 싶은 일이나 의미 있는 추억이 담긴 물건들을 여기저기 늘어놓는 경우가 많은데 포인트로 두는 소품은 몇 가지면 충분하다. 가족사진도 여러 장을 늘어놓는 것보다는 가장 최근 사진으로 교체하며 최소한으로 유지하는 것이 좋다.

1년 동안 사람들에게 외면을 받았던 집이 홈스테이징 후 3일 만에 거래에 성공한 데는 정리 정돈은 물론이고 여백, 물성, 배려를 끌어낸 홈스테이징의 역할이 컸다. 욕심을 버리면 어색하고 어수선했던 집이 누구나 살고 싶어 하는 집으로 바뀔 수 있다.

판에 박힌 듯 똑같은 구조를 가진 아파트에서 사람들은 어떤 기준으로 집을 선택할까. 정리 정돈이 잘되어 깨끗해 보이는 집은 관리 또한 잘되고 있다는 인상을 준다. 또 같은 크기의 아파트라도 공간 활용이 효율적인 집은 발 디딜 틈 없는 어수선한 집보다 마음이 가기 마련이다.

02

오래 머물고 싶은 전셋집 홈스테이징

"내 집도 아닌데 꾸밀 필요가 있을까?"

사람이 살 수 있는 집이면 그만이지 내 집도 아닌데 굳이 잘 꾸밀 필요가 있느냐는 반응은 우리 사회에서 흔히 볼 수 있는 인식이다. 그래서 임차인들은 "집 꾸미기는 이다음에 내 집이 생기면…"이라고 단서를 붙인다.

전셋집이라도 더러는 잘 꾸미고 사는 집도 있긴 하나 제한이 있다. 가구 배치를 이리저리 옮기는 것만 가능할 뿐 내 소유의 집이 아니므로 구조 개선 변경 같은 것은 불가능하다. 물론 이것은 어쩔 수 없는 부분이기도 하다. 우리는 임대 계약서를 통해 계약 종료 시 모든 것을 원상태로 되돌려 놓는다는 약속을 하기 때문이다. 사무실이나 상가를 계약할 때도 마찬가지다. 아마도 이러한 제약이 사람들의 마음속에 은연중에 자리하고 있어 모든 것을 내 집이 생긴 이후로 미루는 것 같다. 그러다 보니 베란다는 낡은 물품들을 쌓아 두는 창고가 되기 쉽다. 여백이나 배려를 생각하기 전에 물건이 들어갈 수 있는 공간이라면 무조건 짐을 쌓아 두기도 한다. 벽면에는 함부로 못을 박기 어려우니 위치를 고려하지 않고 걸 수 있는 곳이면 소품은 어디든 걸어도 그만이라고 생각한다. 혹은 피아노나 책장, 책상, 장식장 위에 빼곡하게 진열하기도 한다.

사실 임차인에게는 낡은 싱크대조차 자유롭게 바꿀 권리가 없다. 그저

깨끗하게 사용하고 계약 종료 시 그대로 되돌려 주는 것이 최선이라고들 말한다. 어차피 계약 기간이 끝나면 돌려줄 집이 아닌가. 내 집이 아니라는 것, 내 소유가 아니라는 것이 이렇게 마음의 벽을 높게 만든다. 그래도 나는 사람들에게 이렇게 권한다. 내 집은 아니지만 얼마든지 내 집처럼 오래 지내고 싶은 집으로 만들어 보자고 말이다. 사람이 사는 집은 편안해야 한다. 그래야 사람들 모두가 행복해지고 삶의 질도 향상될 수 있다.

▶
거실에 있던 수납장은
아이들 방으로 옮겨졌으며
김치 냉장고는 부엌에 있던 냉장고와
위치를 교체했다.

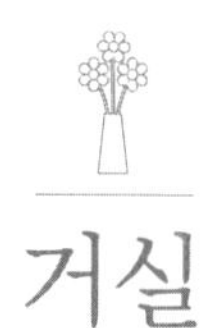

거실

방이 두 개인 OO동의 소형 아파트다. 이 아파트에도 어린아이들이 있는 여느 집처럼 거실에 큰 책장이 자리한다. 책장 위는 원래 수납공간인 것처럼 물건들이 가득 쌓여 있다. 대형 김치냉장고와 서랍장도 거실 한쪽을 차지하고 있어 빈 공간을 찾기가 힘들다. 집이 넓지 않아 냉장고와 서랍장이 연이어 있다 보니 공간의 경계가 없어지고 주방과 거실이 구분되지 않았다.

소파가 없는 대신 야외 캠핑장에서나 볼 수 있는 접이식 의자가 놓여 있다. 특히 좌식용 테이블과 그보다 높은 캠핑용 접이식 의자가 함께 배치되어 상당히 부자연스럽다. 심지어 세탁물 건조대가 에어컨 옆에 있기도 했다. 이 집의 어색한 점을 찾으라고 하면 그 수를 헤아리기 힘들 정도였다. 거실은 김치냉장고와 서랍장, 기타 잡다한 소품들을 치우자 눈에 띄게 넓어졌다. 책장의 몇몇 칸을 하얀색 목재로 수납공간을 만들어 가렸다. 치우고 싶었지만 수납공간이 부족해 어쩔 수 없이 늘어놓았던 것들이 정리됐다.

캠핑용 의자가 정리 정돈으로 공간을 확보한 창고로 들어갔고 이제 거실에는 좌식용 탁자가 본연의 기능을 되찾았다.

Before

▲
거실과 부엌 사이 냉장고 옆에 붙어 있던
서랍장을 자녀방으로 옮기면서 한층 여유가 생겼다.
책장 위의 물건들이 깨끗하게 정리됐다.
책장이나 선반 위는 되도록 잡동사니
물건이나 소품을 올려 두지 않는 것이 좋다.
지저분해 보일 뿐만 아니라
물건이 떨어질 수도 있다는 불안감을 준다.

베란다

베란다의 상태는 더욱 난감했다. 수납 창고는 다리미판과 선풍기를 비롯하여 사용하지 않는 물건들로 가득했고, 수납 창고에 넣지 못한 물건들이 공간을 차지하고 있어 발 디딜 틈이 없었다. 에어컨 실외기까지 자리를 넓게 차지했고 그 위에도 잡다한 물건이 쌓여 있었다.

아파트 전경이 내려다보이는 아래 베란다 사진을 보고 같은 공간이 맞는지 의아한 이도 있을 것이다.

창고에 있던 값싼 돗자리와 발을 이용해 커튼 용도로 사용했고 바람이 통하게 만든 목재 상자 안에 에어컨 실외기를 넣어 미관을 해치는 요소를 최소화했다. 더욱이 목재 상자 위에 작은 화분들을 놓아 누가 보아도 해 잘 드는 아담한 미니 정원으로 꾸몄다.

자녀방

두 아이가 함께 사용하는 작은방은 몹시 협소해 여유 공간이 없었다. 목재 이층 침대가 벽 쪽에 자리하고 맞은편에는 책상이 놓였다. 이 작은 방의 협소한 공간을 어떻게 활용해야 할지 고심했다. 성장기 아이들에게는 자기만의 공간이 특히 중요하므로 이층 침대를 나누어 쓰며 성장할 아이들이 불편하지 않도록 최대한 고려했지만 공간상 제약이 커 만족할 만한 결과를 내기에는 한계가 있었다.

침대의 2층을 초록색으로 칠했다. 거실 김치냉장고 옆에 있던 서랍장을 가져와 문과 침대 사이에 두고 위치가 겹치는 사다리는 반대편으로 옮겨 조립했다. 아이들이 어학 공부용으로 사용하는 미니 오디오도 서랍장 위에 단출하게 배치했다. 방이 언뜻 좁아진 것처럼 보여도, 문을 열면 미니 복도처럼 보여 크게 불편하지 않았다.

이층 침대 사다리 위치를 바꿔 줌으로써 뜻하지 않은 공간이 생겼다.
거실에 있던 서랍장을 옮겨 와 아이들의 물건 수납이 편리해졌다.

▶
소파가 베란다 창문을 가려
거실이 답답해 보인다.
창으로 좋은 햇살과 바람과 기운이 들어오므로
되도록 창을 막지 않게 배치한다.

여기가 정말 우리 집 거실 맞나요?

집의 분위기를 바꾸려면 도배를 새로 하고, 가구를 바꿔야 하는 걸까? 집을 싹 뜯어고치거나 새 제품을 장만하는 것도 물론 하나의 방법이다. 하지만 홈 스타일링에 제약이 있는 임대주택의 경우 비용과 시간을 가급적 들이지 않고 집을 꾸며야 하는 숙제가 있다. 가구 배치와 소품 활용만으로 반전을 꾀하는 홈스테이징은 이러한 제약 속에서 더 큰 활약을 보인다. ㅇㅇ동 집 사례를 보자.
소파의 방향을 바꾸고 나서 여유로워진 거실의 모습이다. 홈스테이징 전에는 소파가 베란다를 막는 장애물처럼 보였다. 가구를 거실의 가장자리로 밀어 넣는다고 해서 거실이 넓어 보이는 것은 아니다. 오히려 창가나 공간의 끝 지점에 물건을 붙여 놓으면 더 답답해 보일 수 있다.

거실에 있던 피아노는 식탁과 마주 보는 자리로 이동했다. 현관 입구의 가벽에 피아노를 두었는데, 이때 피아노 뒤로 보이는 방문은 안쪽으로 열리는 문이라 동선에 전혀 방해가 되지 않는다. 책장의 위치도 벽 가장자리에 여백을 주어 한결 여유로운 느낌이다.

베란다

▲
거실에 있던 피아노를
스크린이 있는 현관 가벽으로 옮겼다.
피아노가 시선에서 사라지자
거실 공간이 여유로워졌다.

▲
벽 가장자리에 바짝 붙어 있던
책장을 여백을 주면서 오른쪽으로 옮기고 나니
한결 여유가 생겼다. 진정한 홈스테이징은
1센티미터의 여백에서 차이를 만들어 낸다.

부엌

스크린이 있던 자리에 피아노를 옮겼다. 수납장의 위치를 옮기면서 생긴 공간에 목가적인 풍경의 그림을 한 폭 걸고 식탁의 방향을 세로에서 가로로 바꾸었더니 한층 품위 있는 다이닝룸이 됐다. 가구에도 저마다 표정이 있다. 홈스테이징 전에는 가구들이 전반적으로 움츠러든 느낌이 었다면, 홈스테이징 후에는 여유로움과 느긋한 모습이다.

좁은 벽 코너에 몰려 있던 수납장이
넓은 벽으로 옮겨지면서 칙칙했던 모습이 한결 화사해졌다.
여유가 생긴 공간에 그림을 걸어 더욱 품위 있는
다이닝룸 분위기를 연출했다.
▼

안방

홈스테이징 전에는 안방의 옷장들이 한쪽 면에 쏠려 있고 TV 위치도 다소 불안정해 보였다.

전체적으로 균형이 맞지 않는 가구 배치였다. 우선 흩어져 있던 원목 옷장과 수납장 세트를 한데 모았다. 옷장 사이에 3단 서랍장을 배치해 가구 고유의 디자인을 살려 주어 일체감과 단정함을 되찾았다. 가운데 벽 공간에는 포인트로 그림 액자를 걸어 안정감을 더했다.

안방 창가의 베란다 화분들은 리듬감이 생기도록 높낮이에 변화를 주어 배치했다.

창가에 붙어 있던 침대를 옮기고 나니
공간의 여유가 생겼다. 그동안 방치되었던
커튼을 활용하자 안방 분위기가 확 바뀌었다.
안방의 반전은 기존 가구의 재배치만으로 이루어졌다.

자녀방

내 집이 아니라는 제약은 불편해도 감수하고 산다는 뜻이기도 하다. 그래서 집을 고를 때 더 꼼꼼히 살피고 수리할 곳이나 불편한 점이 없는 집을 선택하려고 각별히 신경을 쓴다. 많은 사람이 '내 집'이 아니기에 실제 불편함을 감수하고 산다. 내 집이 생길 때까지 그러한 인고의 시간이 없다면 내 집 마련 시 성취감이 줄어든다고 말하는 이도 있다. 비록 현실적인 제약이 있을지라도 편안하고 안락한 주거공간을 포기하고 사는 것은 모두에게 큰 손해다.

마지막으로 형과 동생이 사이좋게 공부하던 작은방이 동생 혼자 마음껏 생활할 수 있는 침실 겸 공부방으로 재탄생했다. 책상과 의자, 커튼까지 모두 원래 있던 것들이지만 새로 구입한 것처럼 산뜻해졌다. 침대 맞은편으로 책장을 옮겨 자투리 공간을 적극 활용했다.

▶
아이들은 성장하면서 독립된 공간을 꿈꾼다.
좁은 방이라도 비효율적인 가구 배치를
바꿈으로서 아이들의 꿈은 이뤄진다.

"전셋집도 내 집처럼 오래 머물고 싶은 집으로 변신이 가능하겠어?"

얼마든지 가능하고 또 그리 어려운 일도 아니다. 우선 내 집이 생길 때까지 빈 곳은 무조건 채우고 쌓아 두겠다는 생각은 깨끗하게 버리자. 정리 정돈을 잘 하고 불필요한 물건은 나눔과 버리기로 비우는 것을 습관화하여 현재의 주거 공간에서 여유를 찾기만 해도 반은 성공한 것이다. 혹시 모를 다음 이사의 부담을 줄이기 위해서라도 창고를 채우는 일이 없도록 하자. 전셋집이건 자가주택이건 사람이 사는 모든 집은 '편안한 휴식'을 취할 수 있는 공간이어야 한다.

03

자연이 숨 쉬는 홈스테이징 플랜테리어

반려 식물로 자연과 조화를 이루다

미세먼지로 인해 실내의 공기를 깨끗하게 유지하기 위해 공기 정화 식물이 각광을 받았으나 공기청정기가 보급되면서 시들해졌다. 코로나로 야외활동이 제한된 요즘은 실내에서 자연을 느낄 수 있는 식물 인테리어, 즉 플랜테리어가 인기를 끌고 있다. 이처럼 다양한 효과가 있는 플랜테리어는 '반려식물 인테리어'라고도 한다.

방송이나 유튜브에서 '그린 라이프(Green Life)'를 추구하는 사람들에 대한 소개가 늘어 남에 따라 자연과의 조화로운 삶을 동경하지만 이를 실제로 행동으로 옮기기는 쉽지 않다. 집 안의 기존 식물과 햇빛이 없어도 잘 자라는 식물들을 들여와 사계절 자연을 만끽할 수 있는 플랜테리어는 기존 공간을 어떻게 재배치하느냐에 따라 배가의 효과를 거둘 수 있다.

그러나 관리가 소홀하면 애물단지가 되기 싶다. 반려 식물은 분갈이도 중요하지만 봄가을이면 위치를 바꿔줄 필요가 있다. 반려 식물도 분위기 전환을 위해 변화가 필요한 셈이다. 홈스테이징과 함께 화분 갈이, 화분 위치를 바꾸는 건 어떨까?

NAAVA

거실

Before

아일랜드 식탁에서 거실을 바라본 장면이다.
요리, 식사, 휴식공간이 구분되어 있지 않아
다소 복잡한 상태다.

After

소파와 식탁을 분리하여 공간을 구획하고 식탁을 등진 창에 작은 화분을 배치하니 창이 시원하게 드러나 개방감과 확장감을 준다.

Before

그릇 수납장이 잡동사니들을 넣어 놓은 붙박이장 앞을 가로막고 있어 수납의 기능을 상실한 상태다. 또한 일률적인 가구배치로 인해 실제 공간에 비해 집이 좁아 보인다.

After

그릇 수납장을 베란다 날개벽에 배치하여 새로운 자리를 찾아 주었다. 소파를 맞은편으로 옮겨 공간을 분리하니 식탁과 그릇장이 하나의 세트처럼 보여 엔티크한 분위기를 자아낸다.

After

TV와 플랜트월을 안방으로 옮긴 후 그 자리에 소파와 원형 테이블을 배치했다. 공간을 기능적으로 나누니 안락한 휴식공간으로 재탄생했다.

Before

TV를 중심으로 주변에 늘어져 있는 식물들이 어수선해 보인다.
TV를 안방으로 옮겨 달라는 고객의 요청이 있어
기존의 계획을 수정해 새로운 배치를 시도했다.

자녀방

After

침대와 책상의 위치를 바꾸니 공간이 매우 넓어졌다.
기존에 있던 수납장을 효율적으로 쓸 수 있게 된 것은 물론이고
늘어져 있던 박스들을 수납하여 장식품처럼 전시할 수 있게 됐다.

After

안방과 복도에 있던 책장과 서랍장이 용도에 맞게 자리를 잡았다. 만화책을 좋아하는 자녀에게 키 큰 책장은 안성맞춤이다.

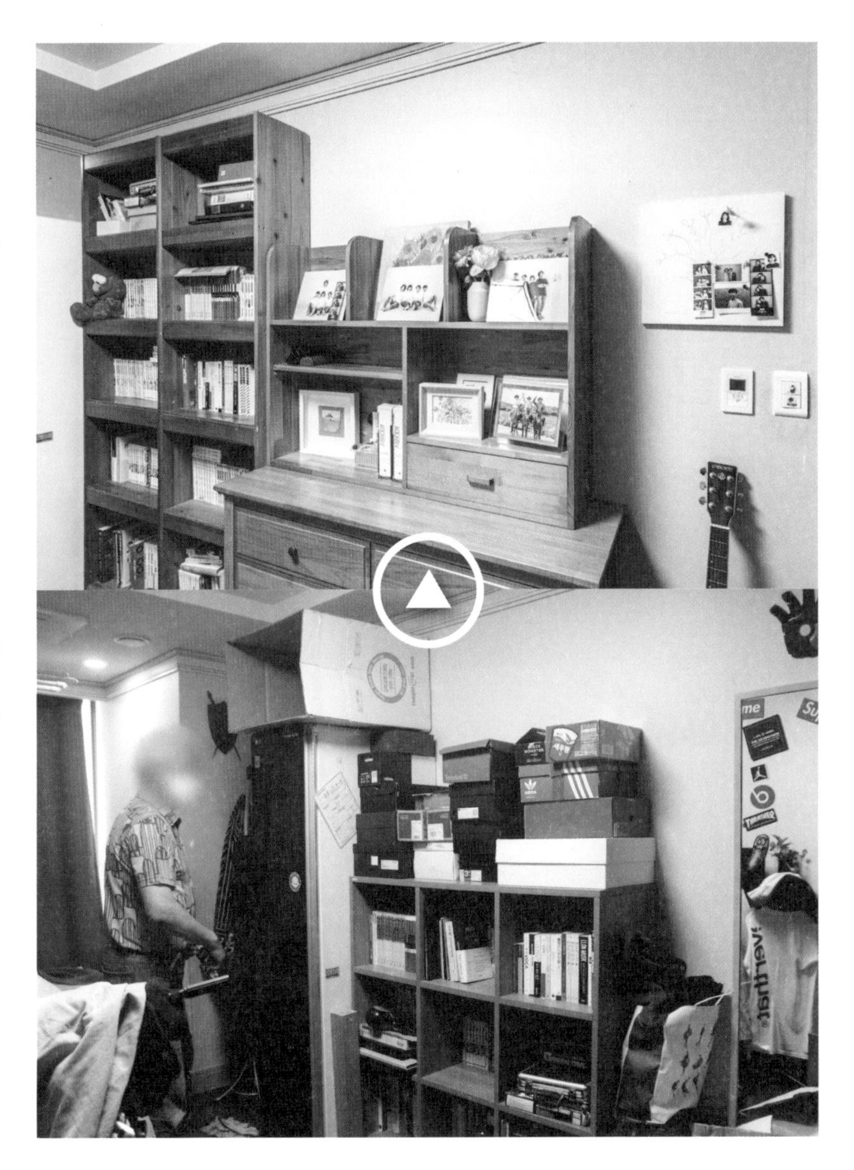

Before

자녀가 모으고 있는 각종 박스와 생뚱맞게 서 있는 스타일러가 제자리를 찾지 못하고 있다.

안방

After

옷장과 옷장 사이에 침대를 배치하여
여유 공간을 줌으로써 침실 분위기를
아늑하게 만들었다.

Before

침실과 서재를 한 공간에 넣은 안방의 모습이다. 책상, 책장, 옷장을 한쪽 벽에 빼곡히 채워 넣어 가구들이 숨 쉴 틈 없이 답답해 보인다.

After

거실에 있던 TV와 TV 장식장을 안방으로 들이면서
플랜트월을 베란다 창 옆에 배치했다.
안방 베란다의 미니 정원과 어우러져 안방 자체가
마치 '자연이 숨 쉬는 식물원'이 된 듯하다.
공간이 좀 더 화사하고 다채롭게 변화했다.

Before

거실에 덩그러니
놓여 있던 모습

Before

허전한 플랜트월의
모습

04

비움으로 새로운 계절 채우기

소품 정리 하나로 집안 분위기가 달라진다

사람들이 계절이 바뀔 때마다 계절을 타듯이 집 안도 계절을 탄다. 봄가을로 인테리어 수요가 늘어나는 이유이기도 하다. 봄이 되면 화사한 꽃으로도 집안 분위기를 확 바꿀 수 있다. 하지만 춥고 음산했던 겨울 날씨에 지친 몸과 마음으로 말미암아 집 안을 확연히 바꾸고 싶다는 충동을 느끼기도 한다.

거실 분위기만 바뀌어도 홈스테이징 프로젝트는 절반의 성공을 거둘 수 있다. 거실 곳곳에 널려 있는 소품들은 집 안 전체 분위기를 어수선하게 만든다. 편안한 휴식을 제공하는 소파나 의자의 위치가 제자리를 찾지 못하면 시선을 불편하게 만들어 오히려 답답할 뿐이다. 저마다의 매력을 발산하기 위해서는 정리 정돈이 필요하다.

서재

Before

책장 아래는 서랍으로 되어 있지만 침대가 붙어 있어 서랍을 거의 사용하기가 힘들었다.

After

옆방에 있던 책상과 서재에 있던 책상의 위치를 서로 바꾸고 책장을 90도 돌려 넣었다. 책장을 가득 채웠던 책들을 정리하고 나니 수납공간이 여유로워졌다.

거실

Before

소파, 식탁, 운동기구가 제자리를 찾지 못해 거실 분위기가 어수선해 보인다.

After

TV장식장과 각종 술을 보관하는 장식장의 소품들을 한곳으로 모아 한곳으로 정리했다. 거실 의자나 장식장을 다른 곳으로 옮겨 여유 있는 공간을 확보했다. 홈스테이징의 기본은 정리 정돈이다.

Before

TV 장식장 위에 서로 다른 느낌의 소품이 올려져 있어 정리 정돈이 필요했다. 장식장 바로 앞에 골프 퍼팅기까지 자리를 차지하고 있어 더 산만해 보인다.

After

TV장 아래 늘려 있던 소품들을 한데 모이게 정리했으며 골프 퍼팅기는 베란다 창문으로 배치했다.

안방

After

안방에 들어서자 옆면이 보이던 장농을 앞면이 보이게 돌려 주고, 창가에 배치된 침대를 조금 여유 있게 만들어 주면서 공간이 생겨 의자를 배치했다. 침대 앞에 있던 화장대는 다른 방으로 옮겼으며 그 자리에 수납장과 시계를 배치했다.

05

공간을 살리는 가구 배치

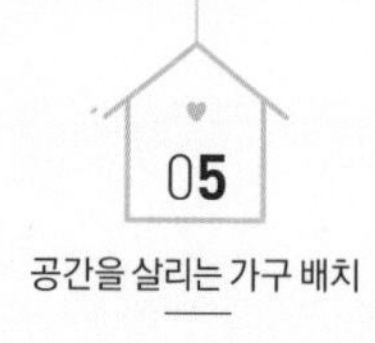

공간을 살리는 가구 배치

가구나 소품이 제자리를 찾을 수 있도록

공간을 살리는 홈스테이징의 핵심은 있어야 할 곳, 제자리에 물건을 두는 것이다. 안방의 침대를 욕실로 옮길 수 없으며 거실의 소파를 안방에 둘 수는 없다. 그렇지만, 거실의 TV는 안방으로 옮길 순 있다. 홈스테이징 법칙 중 하나로 고정관념을 깨라고 당부하지만, 가구나 소품에는 제자리에 있어야할 것들이 있다.

어느 집을 가나 수납 때문에 골치 아파하는 경우가 많다. 풍족한 수납공간은 주부들에게 뿌듯한 여유감을 준다. 그러나 물건을 들이기 위해 수납 공간을 고민하는 것보다 오랫동안 쓰지 않는 물건들을 버리거나 나누는 것이 올바른 수납법일 수 있다. 무엇보다도 숨어 있는 1센티미터의 공간도 발견해서 훌륭한 수납공간으로 변신하는 것도 좋은 방법이다. 숨어 있는 공간을 어떻게 활용할 것인지를 고민하면 공간을 살리는 홈스테이징이 혼자 힘으로 완성된다.

거실

Before

거실이 복잡해 보이긴 하지만 정성 들여
키운 화초들을 간단히 버리긴 어렵다.

After

소파 테이블로 쓰던 낮은 탁자를 TV가 없는 거실의 아트월에 배치해 두고 그 위에 아기자기한 화분들을 옹기종기 리듬감 있게 진열했다.

Before

화분과 의자들로 그림이 가려져
제 구실을 하지 못하고 있다.

After

기존 화분들은 베란다 쪽으로 옮기고
그 자리에 거실 아트월에 있던 장식장
을 배치하니 그림과 조화를 이룬다.

현관과 복도

Before

협탁 위의 사진 액자를 한두 개만 진열하고 해바라기 조화는 눈에 띄지 않는 바로 옆 공간으로 배치했다.

After

현관 입구와 주변은 특히 간결하게 정리해야 한다. 이곳이 집의 첫인상을 좌우하기 때문이다.

부엌

After

기둥에 밀착됐던 식탁을 중앙으로 옮기니 사방에 공간이 생겨 식탁을 넓게 쓸 수 있다. 벽에는 기존에 있던 그림을 걸어 멋진 다이닝룸을 만들었다.

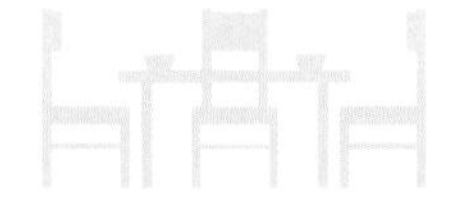

Before

가정집들은 대개 고정관념처럼 식탁을 벽이나 기둥에 바짝 기대어 배치한다.

안방

Before

침대 헤드가 창을 가리고 있다. 창을 살려야 채광을 늘리고 공기를 순환하기에 좋다.

After

벽 기둥에 침대를 배치했던 것보다 가용 공간이 오히려 늘었다.

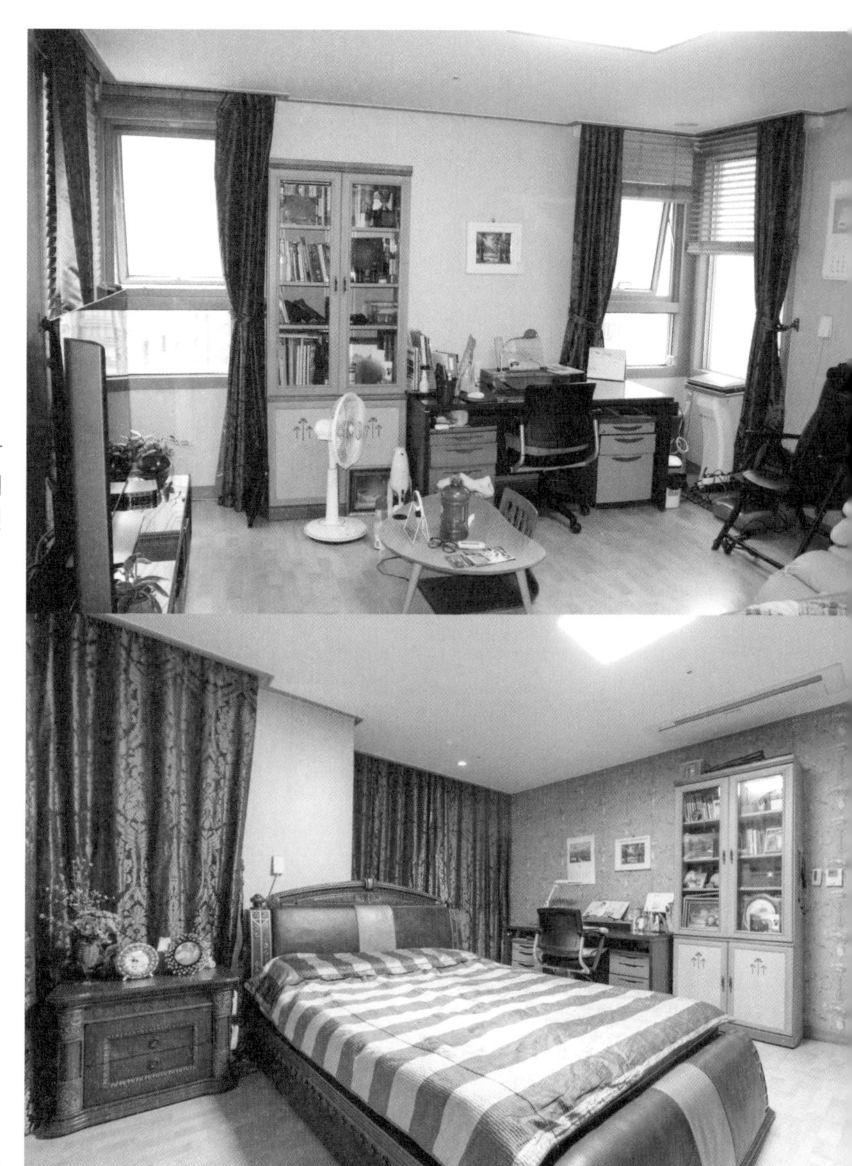

Before

책장과 책상이 창문과 창문 사이에 위치해 있어 주변이 산만해 보인다.

After

책상과 책장을 벽으로 배치해 안정감을 높였다.

서재

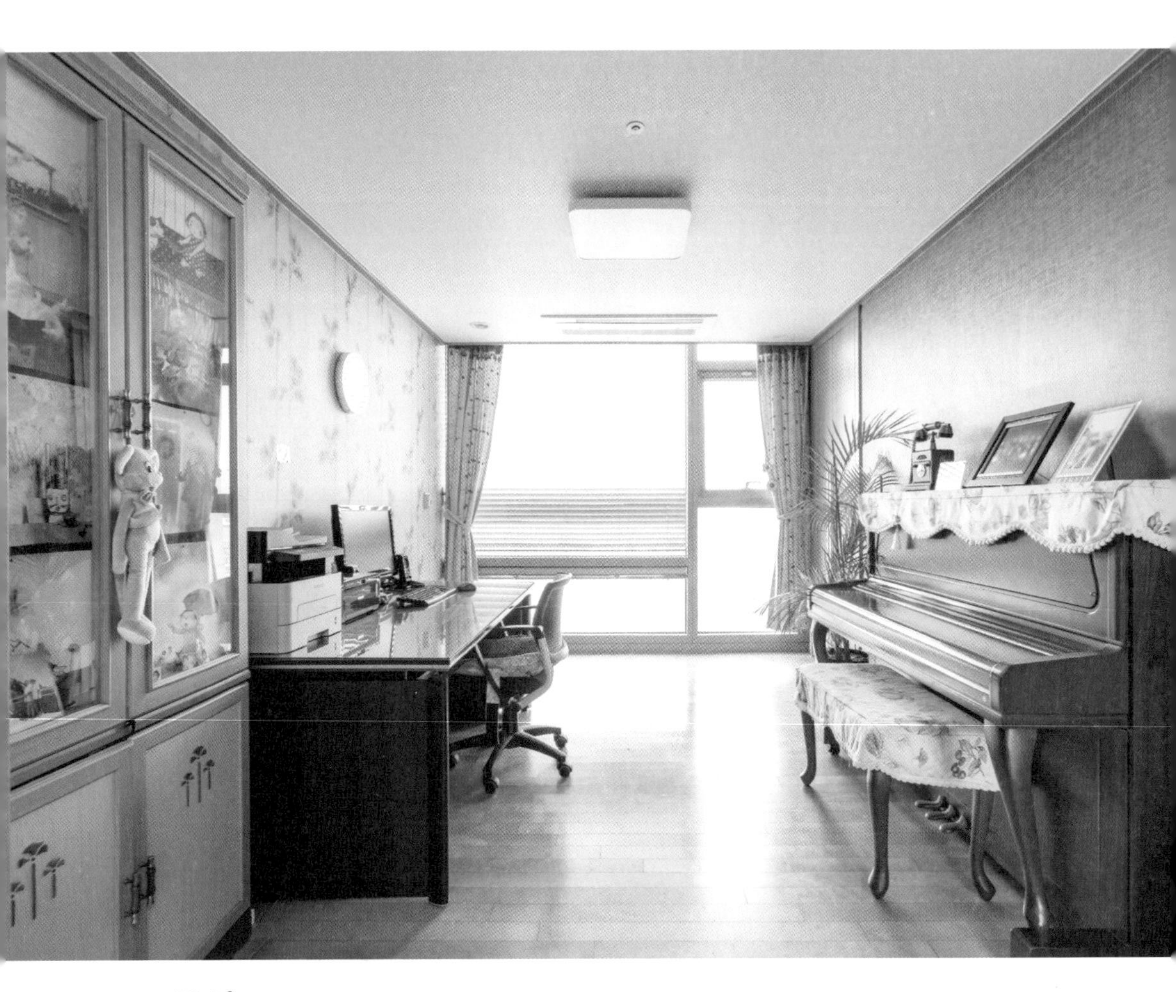

After

피아노와 책상의 위치를 서로 바꾸고 거실에 있던 화초를 방 안에 들였다. 기존 빨래걸이와 옷걸이는 다른 곳으로 옮겼다.

Before

상당수의 사람들이 좁은 공간을 정리하기보다는 채우는 경향이 있다.

자녀방 1

Before

공부하는 책상 옆에 바로 침대가 있다면
눕고 싶다는 유혹이 뒤따른다.

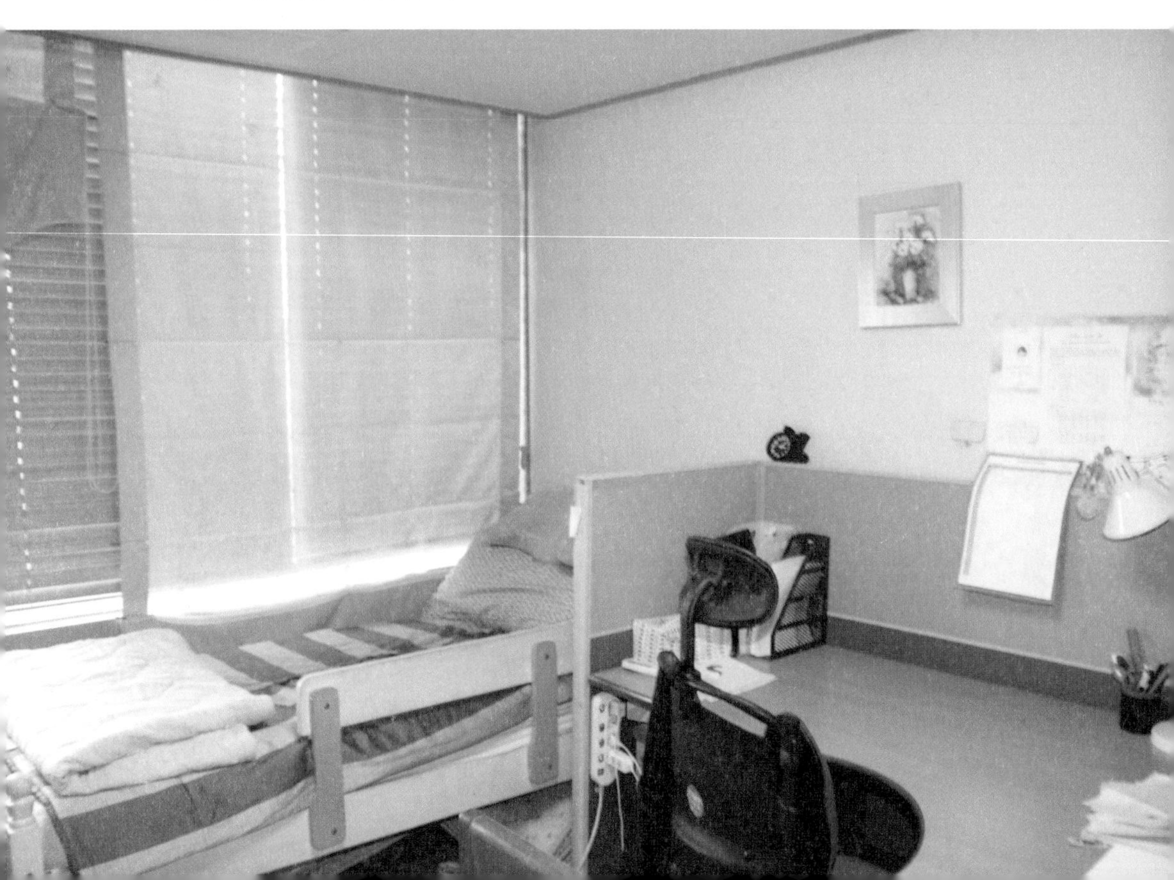

Before

방 모서리를 두고
책장이 다닥다닥 붙어 있다.

After

책장 두 개 중 하나를 침대 헤드 방향으로 옮겨 사적인 공간을 만들었다.

After

책장과 책상의 위치를 재배치하면서 침대, 책상, 화장대의 독립성을 살렸다.
책상의 위치 변화로 공부하기에 적합한 분위기가 조성됐다.

Before

숙면과 활동 공간은 최대한 독립적일 수록 좋다. 침대를 중심으로 화장대와 책상이 있어 숙면 공간이 모호하다.

After

책장 앞으로 책상을 옮겼듯이 유사한 성격의 가구 배치는 매우 중요하다.

자녀방 2

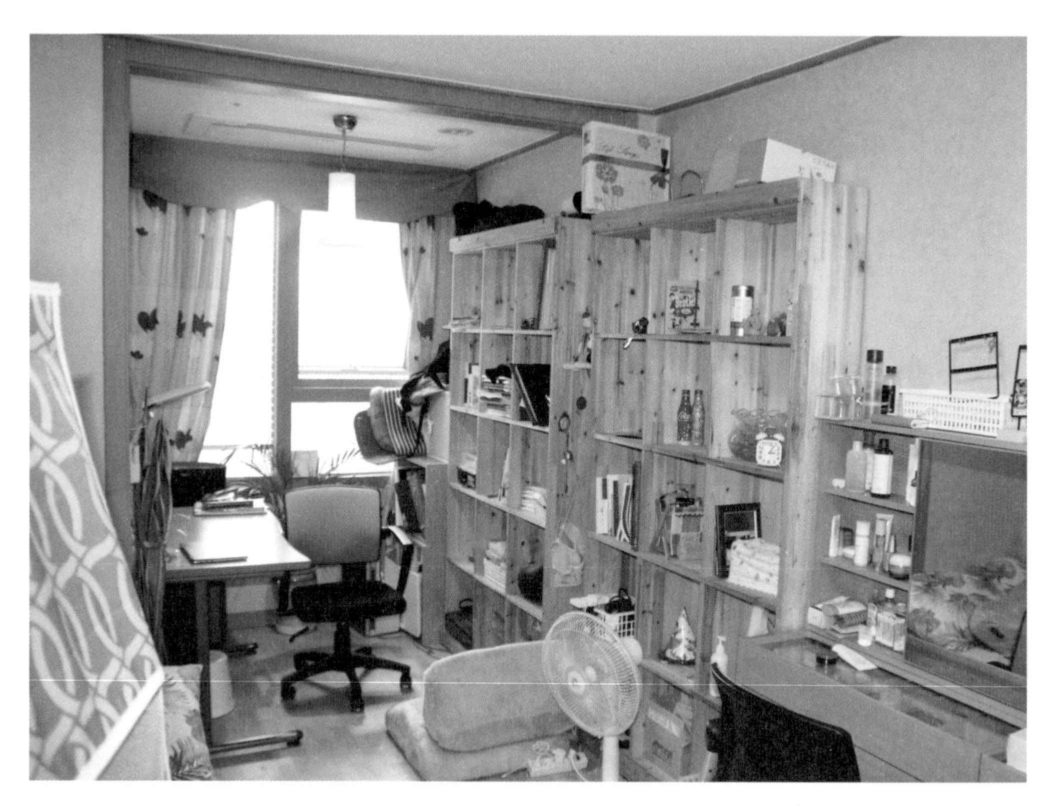

Before

어떤 방이든 창을 가리는
가구 배치는 금물이다.

After

공부하는 공간은 책상의 위치가
제일 중요하다. 책상 주변을 간결
하게 정리하는 것이 최우선이다.

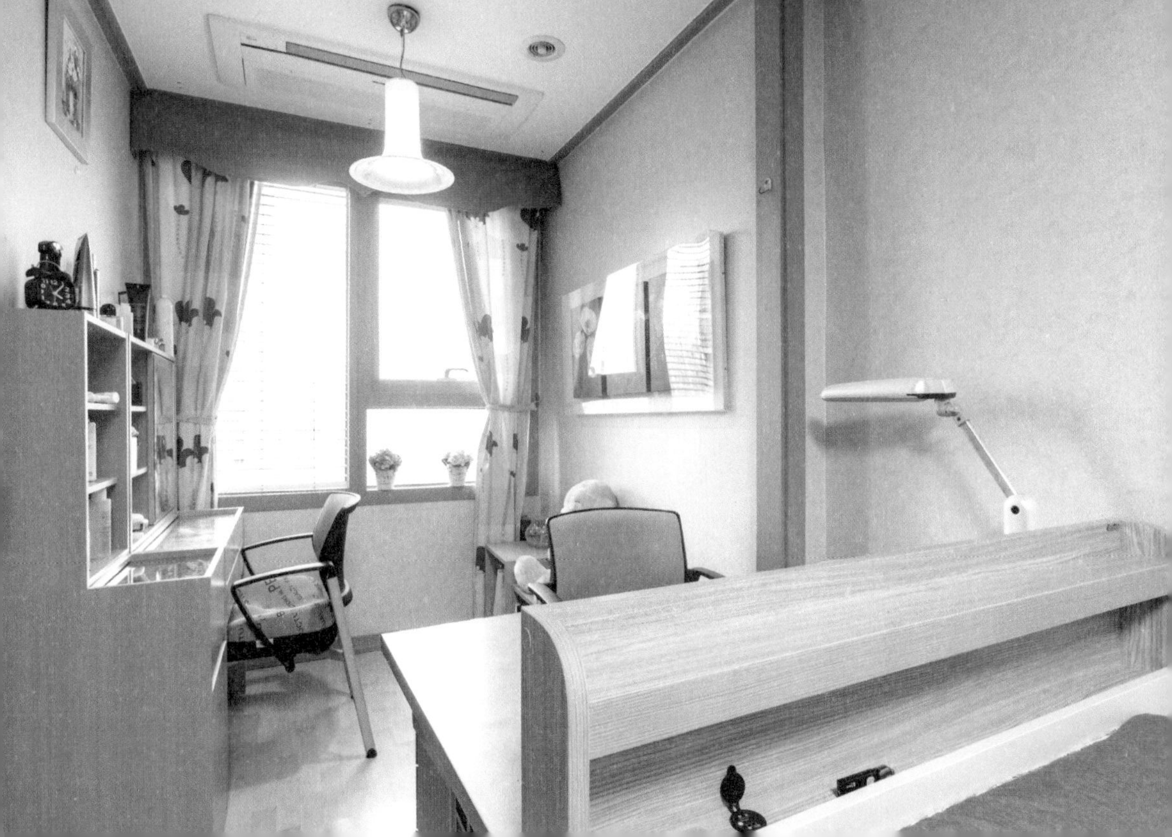

Before

공간이 협소해 침대 놓기가 어려웠던 공간이다.

After

책상의 위치만 재배치했는데 침대를 둘 공간이 생겼다.
공간은 절대 부족하지 않다. 상상하는 만큼 여유가 생긴다.

06

전원주택의 색다른 변신

삶의 여유는 정리 정돈에서 생긴다

요즘 방송의 인기 프로그램 소재 중 하나는 '자연'이다. 산이나 바닷가에 집을 짓고 자연과 더불어 사는 사람들을 소개하는 프로그램의 시청률이 꽤 높다. 특히 40~50대의 시청률이 높은 이유는 은퇴 이후에 삭막한 도시생활을 떠나 자연 속에 집을 짓고 살고 싶다는 욕망이 투영됐기 때문이다.

이미 전원생활을 하는 사람들은 자신들의 생활이 결코 낭만적이지 않다고 하소연한다. 도시의 아파트 생활에 비해 불편한 점이 많다는 것이다. 시간적으로 여유 있게 전원생활을 즐기는 사람도 의외로 집 안의 정리 정돈을 소홀히 하는 모습을 볼 수 있다.

홈스테이징 의뢰를 받고 도착한 전원주택의 내부는 도시의 아파트와 다를 바 없었다. 아파트에 살든 전원주택에 살든 삶의 여유는 정리 정돈을 잘하고 사느냐에 달려 있다.

전원 생활의 좋은 점은 정원에서 텃밭 농사를 지을 수 있다는 것이다. 소소한 먹거리 수확도 좋지만 텃밭을 돌보면서 집중하는 시간이 좋다고 말한다. 정리 정돈도 결과에 집중하는 것 보다 과정을 즐기는 것이 좋다. 텃밭 농사로 수확의 기쁨을 맛볼 수 있듯이, 정리 정돈으로 오롯이 나를 마주할 수 있는 시간을 얻는다면 이 또한 삶의 희열을 느낄 수 있을 것이다.

거실과 부엌

After

장식장을 가리고 있던 작은 가구들을 안방으로 옮기고
TV장식장에 있던 도자기를 장식장 선반에 가지런히 정리했다.

Before

높은 천장이 인상적이었던 거실은 소품이 중구난방으로 진열되어 있어 다소 산만했다.

Before

부엌에는 작은 가구들이 옹기종기 모여 있어 복잡해 보인다.

안방

Before

침대의 반쪽이 창을 가리고 있다. 홈스테이징에서는 침대나 가구가 창을 가리지 않도록 권장한다.

After

부엌에 있던 그릇장과 수납장을 안방으로 옮겼다.

After

침대 헤드를 방문 입구 옆 벽으로 배치했다. 부엌에 있던 장을 안방으로 들여와 TV장식장과 찻장으로 활용했다.

갤러리창고

After

방 중앙에 철제 보관함을 짜서 여기저기 널려 있던 그림들을 정리했다.

07

180도 바뀐 30평 아파트

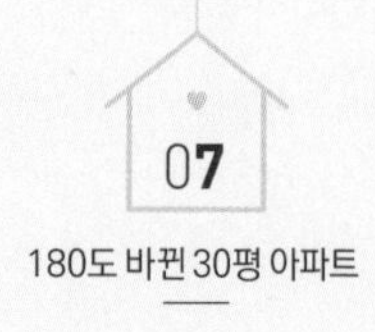

180도 바뀐 30평 아파트

뭉치면 죽고 흩어지면 산다?

코로나19로 우리 사회는 큰 변화를 겪고 있다. 뭉치면 살고 흩어지면 죽는다는 말은 이젠 고루한 과거의 이야기가 됐다. 그야말로 언택트, 비대면 사회가 되어 사람들과의 접촉을 되도록 피하는 것이 미덕이 됐다. 사회적 거리 두기, 재택 근무 확대로 집콕 생활이 늘어나면서 많은 사람이 집 안 환경을 되돌아 볼 수 있는 여유(?)가 생겼다. 당장에 버릴 물건들이 눈에 선하지만 엄두가 나지 않을 것이다. 홈스테이징은 마냥 버린다고 해서 완성되는 것은 아니다. 집콕 생활하면서 온라인 쇼핑이 늘다 보니 오히려 물건을 더 자주 사는 사람들이 생겼다.

분명한 것은 물건을 정리하다 보면 감춰 있던 진짜 집이 보이기 시작하며 불필요한 물건들을 버리면서 쓸데없는 생각도 버릴 수 있다는 것이다.

홈스테이징은 걱정거리와 욕심을 버리는 일이다.

거실

Before

대부분의 집이 거실 양 벽에 소파와 TV 장식장이 진열되어 있다. 고정관념은 깨라고 있는 것이다.

After

홈스테이징에서는 고정관념을 깨는 것이 매우 중요하다. 새로운 공간은 고정관념을 깨면서 생겨난다.

Before

요즘 코로나로 뭉치면 죽고 흩어지면 산다라는 우스갯소리가 있다.
홈스테이징의 원리도 마찬가지다.

After

TV장식장 주변에 있던 소품들을 집 안 곳곳으로 재배치했더니 여백이 생겼다.
여백이 생기면서 여유도 되찾았다.

자녀방

After

장난감은 베란다로 옮기고
조그만 책걸상을 배치했다.

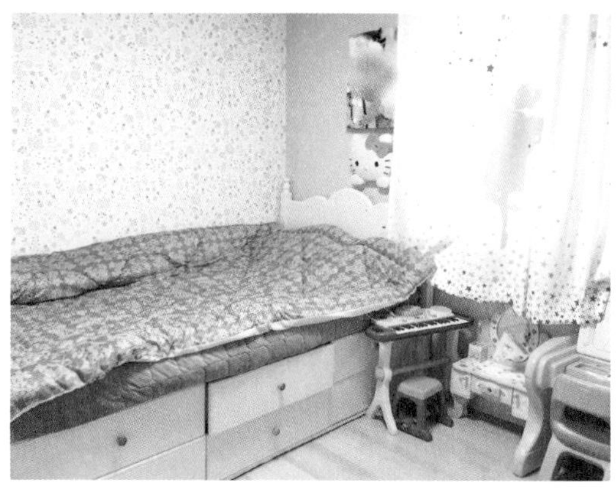

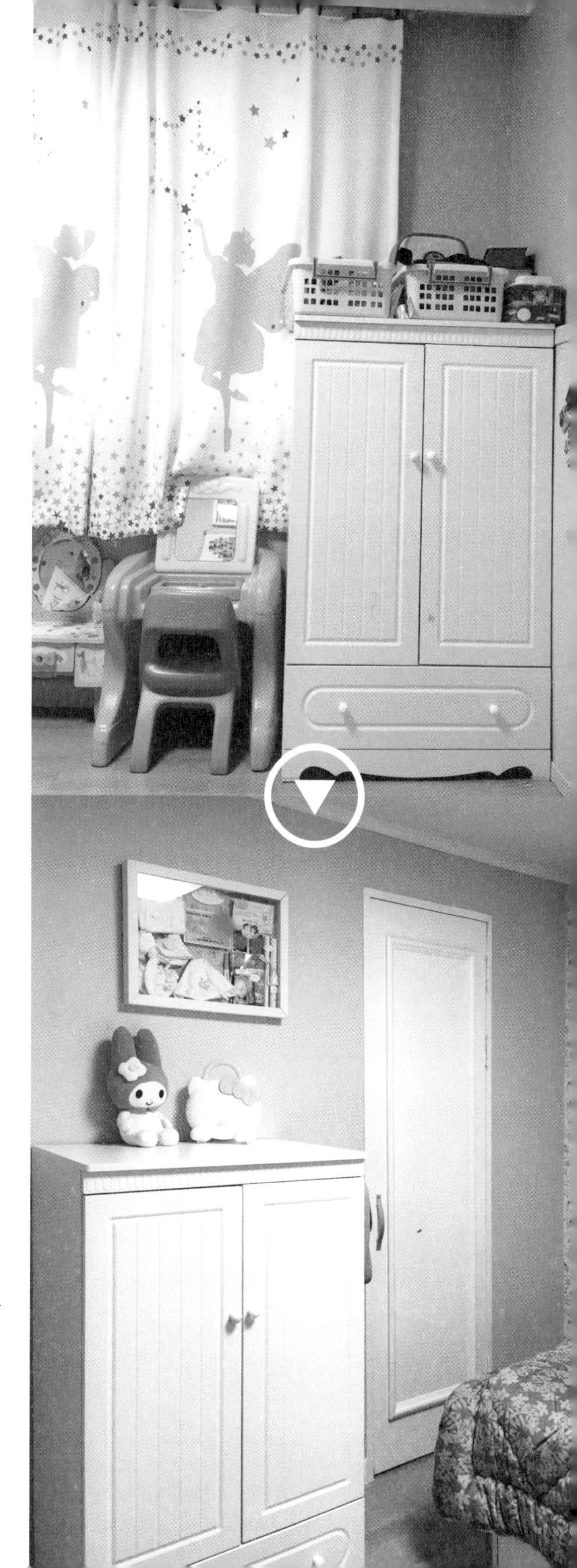

After

침대 옆으로 수납장을 옮기니 책걸상을 놓을 자리가 생겼다.

After

부엌과 자녀방 사이에 가로로 두었 책장을 자녀방에 세로로 세워 배치했다.

After

자녀방의 문 좌우에 있던 책장과 책꽂이를 옮기고 거실의 오디오장을 배치했다.

침실

Before

창가에 안방 침대와 유아 침대를 나란히 배치해 공간이 협소할 뿐만 아니라 창문 여닫기가 불편하다.

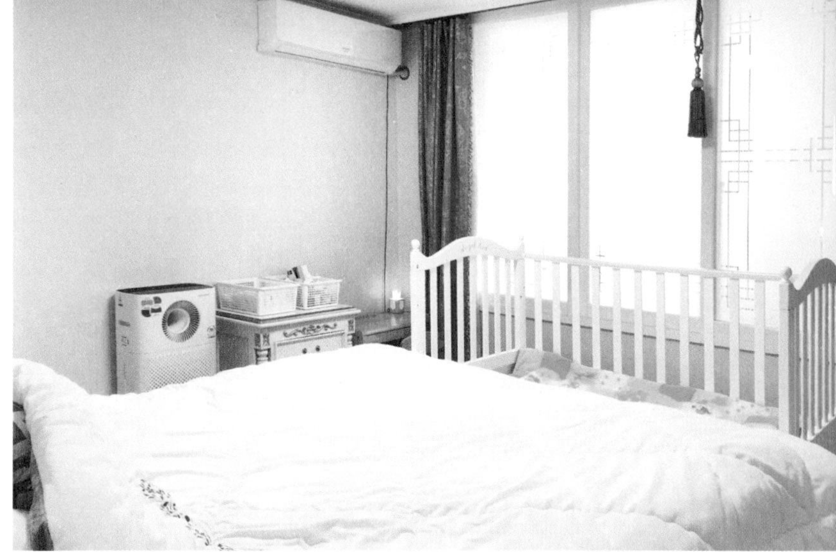

After

침대 헤드를 창가 반대 방향으로 배치하고 유아 침대를 안방 침대 발끝에 배치해 공간을 최대한 확보했다.

베란다

After

집 안의 모든 장난감과 아이들의 소품을
베란다에 수납공간을 마련해 정리했다.

서재

After

책상과 책장의 위치를 바꾼 뒤 드러난 벽면에 신혼 사진 액자를 걸었다.
옷걸이를 앞쪽으로 당겨 서재에 여유 공간이 생겼다.

08

버리지 않아도 미니멀 인테리어

버리지 않아도 미니멀 인테리어

버린다고 정리 정돈이 끝나지 않는다

아이가 많은 집은 정리 정돈을 아무리 해도 살림만 늘고 집은 갈수록 좁아진다고 하소연한다. 요즘 트렌드가 미니멀 라이프라고 해서 필요한 세간까지 줄이는 것은 그리 쉽지 않다.

정리와 비움이 이루어져야 홈스테이징이 완성된다. 그러나 기존의 가구나 소품을 버리지 않거나 새로운 가구를 들여놓아도 공간이 오히려 간결해지는 경우가 있다.

가구나 소품을 버린다고 당장에 공간의 여유가 생기는 건 아니다. 오히려 물성에 맞는 것끼리 뭉치고 전혀 어울리지 않는 것들은 과감하게 분리하면 여유로운 공간이 발견할 수 있다. 그곳에 새로운 물건을 사들여도 산뜻한 분위기를 연출할 수 있다.

WOONGJIN

거실

Before

아이들이 편안하게 독서하고 공부할 수 있도록 거실을 서재로 꾸몄으나 그 기능을 잃고 가장 지저분한 공간이 됐다.

After

책장의 위치를 맞은편으로 이동했다. 책에 가려져 있던 현관 인터폰 스크린은 책장을 옮기고 나서야 편리하게 사용할 수 있게 됐다. 방 안에 있던 TV를 가져다 놓아도 한결 산뜻하고 가벼워졌다.

거실&부엌

Before

산만한 거실에서 소파는 제 기능을 상실한 채
공간만 차지하는 천덕꾸러기가 되었다.

After

주방에 놓여 있던 식탁이 창가로 배치되고 새로 구입한 6인용 식탁이 그 자리를 거실로 옮겼다. 자녀방에 있던 있던 원목 고가구를 거실로 옮겼다. 거실에 가구가 늘었지만 공간은 더 여유롭다.

현관

After

문을 열면 바로 보이는 붉은 벽지의 아트월과 그림이 어울리지 않아 가족 사진이 담긴 액자로 교체했다.

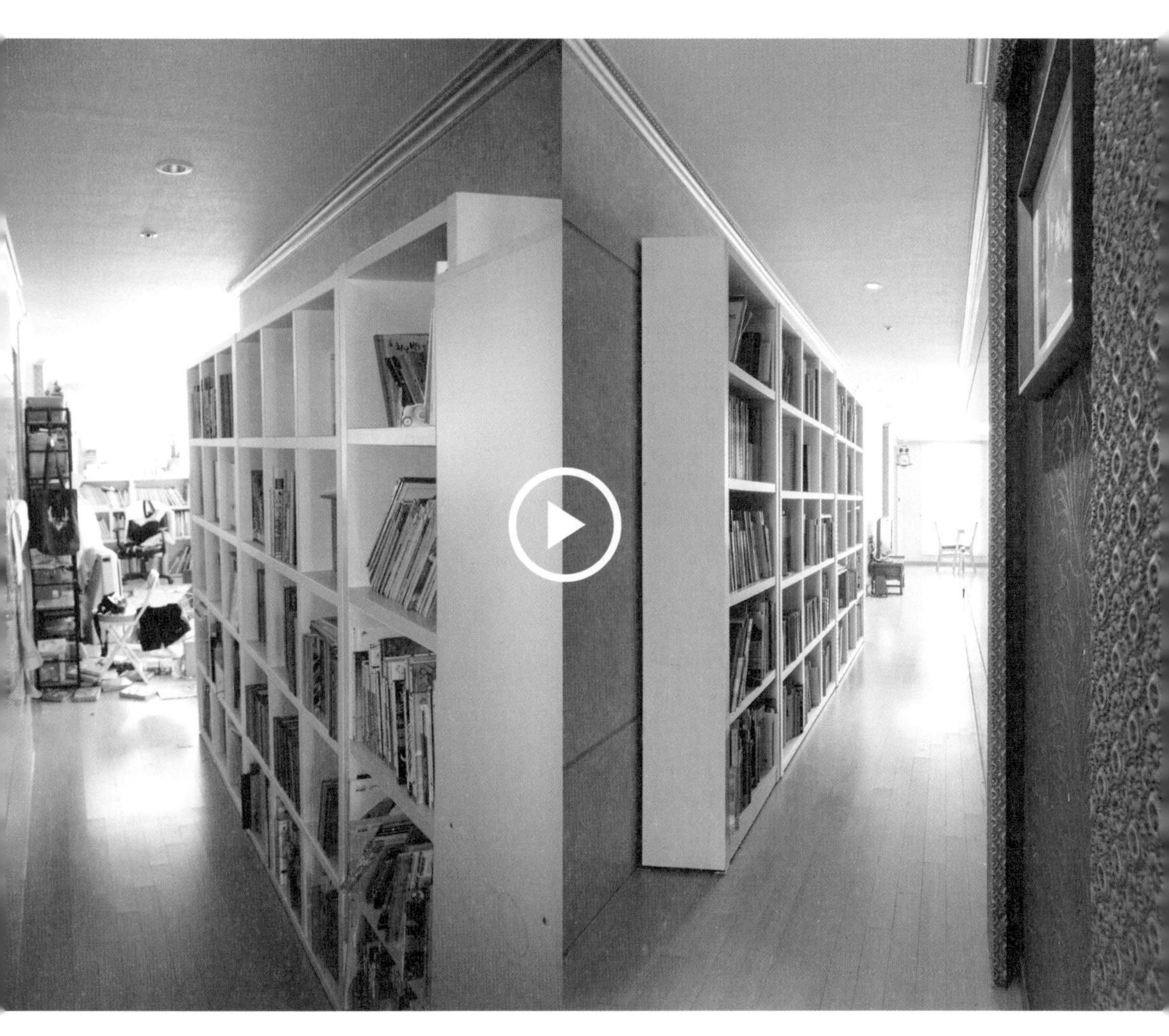

After

현관-복도로 이어지는 동선을 고려해서 시선이 자주 닿는 오른쪽 벽면을 깔끔하게 비웠다.

자녀방 1

Before

자녀 둘이 함께 쓰던 기존의 공부 방은 아이들의 학습 능률과 집중력을 기대하기 힘든 구조다.

After

안방에 있었던 기존 서랍장 하나와 추가 구매한 서랍장 하나를 나란히 배치했다. 수납 가구의 배치로 방이 여유로워지고 단순해졌다.
옷장은 안방에서 옮겨 왔다. 방은 오히려 여유로워지고 단순해졌다.

After

거실에 있던 책장 두 개를 위아래로 겹쳐 배치했다.

자녀방 2

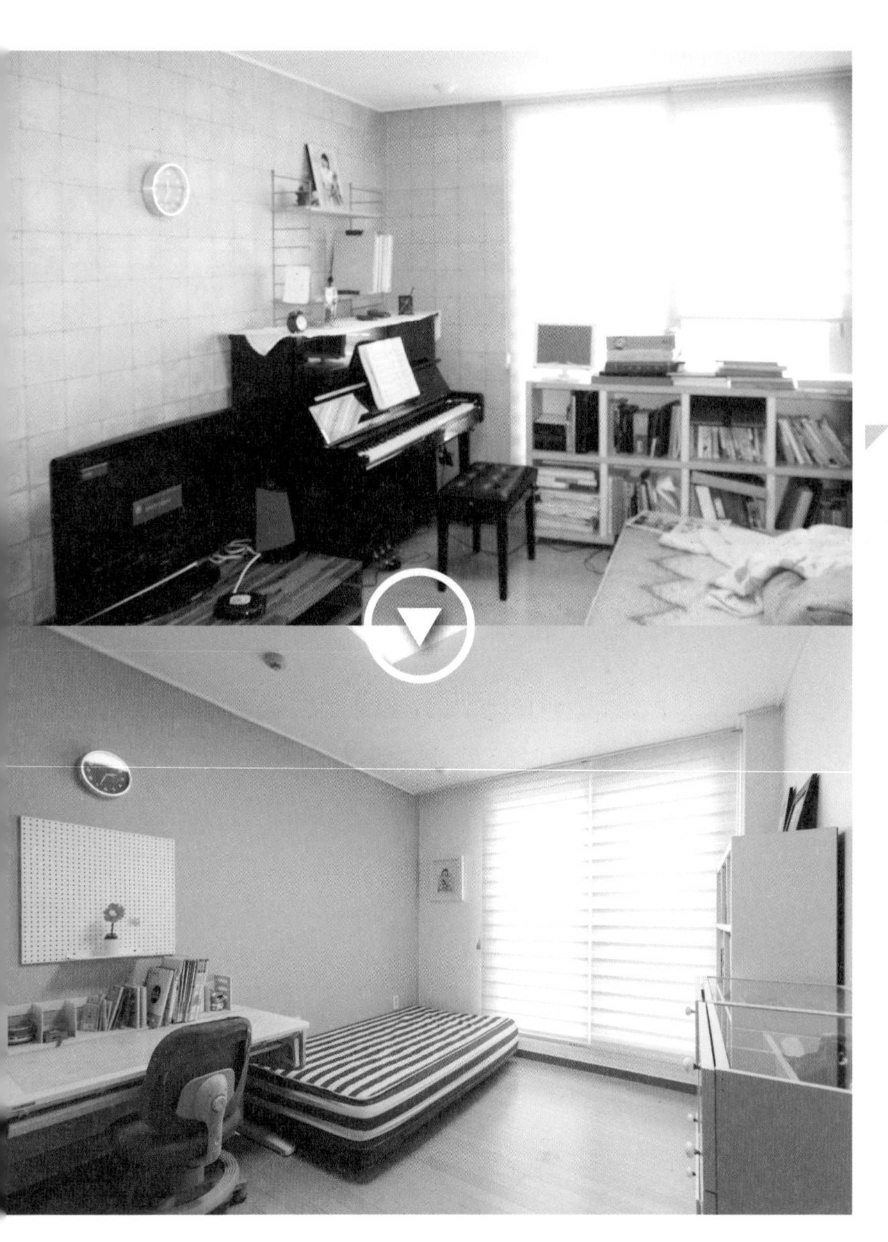

Before

이 방에 있던 피아노는 주방 옆 미니 베란다로, TV와 협탁은 거실로 이동했다.

Before

이 방에 있던 원목 고가구는 거실로, 옷장은 다용도실로 이동했다.

After

흰색 벽지로 도배를 하고 한쪽 벽면에만 핑크색으로 포인트를 줬다.

09

거실이 다이닝룸으로 변신하다

거실이 다이닝룸으로 변신하다

맛있는 대화가 흐르는 다이닝룸

가족과 함께 차를 마시거나 식사를 하면서 서로에게 집중하며 대화를 나눌 수 있는 다이닝룸이 인기다. 코로나19로 집콕, 원격수업, 재택근무가 일상화된 요즘 같은 시기에 더더욱 절실해진 공간이다. 이동이 자유로운 식탁이라면 위치를 옮겨 다이닝룸 분위기를 십분 살릴 수 있다.

베란다가 있는 아파트나 주택이라면 거실이 다이닝룸으로 최적의 공간이다. 우선 거실의 소파나 소품을 최대한 심플하게 재배치하거나 정리하고 식탁과 의자를 베란다 가까운 창으로 이동하면 멋진 다이닝룸이 된다.

가족과 함께하는 시간이 늘면서 다이닝룸에 대한 요구는 많아질 것이다. 기존의 고정관념을 버리고 식탁과 의자를 베란다 창가 쪽으로 옮겨 보자. 기존 소파와 탁자를 창가쪽으로 이동해 식탁처럼 활용해도 멋진 다이닝룸을 만들 수 있다. 맛있는 음식과 대화가 오간다면 서로의 훈훈한 정을 확인할 수 있을 것이다. 홈스테이징은 가족을 위한 배려에서 시작된다.

거실

Before

앞뒤로 긴 거실에 소파와 가구들을 모두 벽 쪽에 가깝게 두어 가운데 공간이 텅 비어 있다. 베란다 쪽 창가 탁자에 소품들이 어지럽게 진열되어 있어 시야를 가린다.

After

기존 소파를 거실 중앙으로 배치하니 텅 비어 있던 공간이 아늑해졌다. 소파가 꽉 차 있던 자리에 부엌에 있던 식탁과 의자를 옮겨 놓으니 멋진 다이닝룸이 만들어졌다.

작은방

After

거실에 소품을 올려 두었던 벤치를 활용해 기존 소품을 정리했다.
여유 공간이 생겨 기도나 명상을 하기에 안성맞춤이다.

Before

작은방에 있던 기존 테이블은 크기가 너무 커서 공간을 많이 차지했다.

안방

Before

침대헤드가 창 쪽에 붙어 있어 가뜩이나 협소해 보이던 안방이 커튼 뒤에 놓인 병풍으로 채광이 막혀 어두침침하고 답답했다.

After

창문을 등지고 있던 침대헤드를 벽 쪽으로 돌리고 침대와 창문 사이에 여유 공간을 두어 쉽게 창문을 여닫을 수 있게 했다.

부엌

After

식탁이 빠진 자리에는 아트 월 앞에 있던 협탁을 두고 그 위에 소품들을 정리해 비치했다.

Before

부엌의 식탁을 거실로 옮기고 장식장 위치를 바꾸니 부엌이 두 배 넓어졌다.

아트월

Before

키가 높은 협탁과 그 위의 소품들이
아트월을 가리고 있다.
협탁은 부엌으로 옮겼다.

After

기존에 있던 비슷한 느낌의 소품을 활용하여
간결하게 정리했다.
간결해진 아트월이 조명을 받아 한결 밝아졌다.

in

Home Staging

Part 2 성공하는 홈스테이징의 여덟 가지 법칙

01

여백

여백이 진정한 쉼을 가져다준다

학창 시절 미술 수업 시간에 선생님은 이런 말씀을 했다. "하얀 도화지를 가득 채우려 하지 말고 적절한 위치에 그리고자 하는 그림을 스케치하는 게 가장 우선이란다. 여백은 그림을 그리지 않은 빈 공간처럼 보여도, 사실은 그 자체만으로 그림의 일부지."

그 가르침은 내게 꽤 인상적이었다. 시간이 흘러 중년이 된 지금도 난 여백을 상당히 중요하게 여긴다. 여백은 놓을 것을 찾지 못한 비어 있는 공간이 아니라 그 자체만으로 홈스테이징의 일부다.

또 여백은 곧 일상의 여유이기도 하다. 빈틈없이 빽빽하게 가득 찬 스케줄이 우리를 답답하게 하듯, 휴식과 안정을 취하기 위해 돌아온 집 안이 불필요해 보이는 가구와 물건으로 가득하다면 숨이 막힐 듯 갑갑할 것이다. 그러니 여백은 여유이자 쉼이다. 마음의 안정을 찾지 못하는 이유가 전자와 같다면 쉬어도 쉬는 것 같지 않다. 그러므로 여백은 여유이자 휴식이며 쉼이다.

등촌동에 살고 있는 K 씨도 언론을 통해 홈스테이징을 접한 경우였다. 그의 집에 방문했을 때 가장 먼저 눈에 띈 것은 우리를 환영이라도 하듯 늘어서 있는 수많은 돌덩이였다. 의뢰인이 직접 수집했다고 하는 이 돌덩이들은 그냥 돌이 아니다. 예쁘고 멋진, 저마다 가치가 있는 돌들이다. 모두들 나를 향해 자신을 보아 달라고 아우성이었다. 여기저기 자리를 차지하고 있는 돌들 때문에 집 안이 어수선하고 답답했다.

흥미로운 것은 초소형 원룸에 살고 있는 사람이든 중형 아파트에 살고 있는 사람이든 모두가 식구 수와 상관없이 집이 답답하다고 느낀다는 사실이다. 물론 신혼 이후 늘어난 가재도구도 한몫한다. 아이가 생기고 필요한 물건들이 사방을 채우기 시작하면 '아이 때문에…'라고 이유를 대며 정리 정돈과는 멀어진다.
K 씨의 집도 다르지 않았다. 초인종을 누르자 우리를 맞은 주인 부부의 등 뒤로 '이상한 점'이 여기저기 눈에 띄는데 얼핏 보아도 집주인 내외의 고통을 알 수 있을 것 같았다. 처음 눈에 들어온 곳은 거실이었다. 넓고 전망이 그림 같은 집인데도 적막함이 흘렀다.

하얀 치아를 드러내며 머쓱하게 웃던 집주인은 뒷머리를 긁적였다. 나에게 미안해할 일이 아니었지만 스스로 무안했던 모양이다. 우스갯소리지만 이런 일이 없다면 일감이 줄어들어 형편이 어려워질 테니 오히려 감사할 일이 아닌가.

"이 수석들은 굉장히 아름답고 소중한 수집품입니다.
그런데 어느새 집 안을 가득 채워서 둘 곳이 부족해요."

어디 둘 자리만 부족할까. 사방에 흩어져 있는 제자리를 찾지 못한 수석들은 내 마음은 물론이고 어느 누구의 마음에서도 자리를 차지하기 힘들 것처럼 보였다. 다시 눈을 돌리니 TV가 놓인 벽이 눈에 들어왔다. 당연하다는 듯 정중앙에 TV가, 좌우에는 스피커와 소품용 장식장이 있었는데 그곳에도 수석이 여지없이 자리하고 있었다.

좁은 빌라에 살고 있던 S 씨의 사례가 떠오른다. 아이가 태어나면서 집 안이 더욱 어수선해졌다고 토로하는 그의 집을 처음 방문했을 때 일이다. 현관문을 열자 온갖 '이상한 점'들이 나의 눈에 들어왔다. 집 안으로 한 걸음 뗄 때마다 정신이 점점 더 혼란스러워질 만큼 문제가 많은 집이었다.대개 이상한 점을 발견하면 해결책도 번개처럼 떠오른다. 그런데 그 집에 들어서자 '이상한 점'이 여기저기서 쏟아지는데도 해결책은 전혀 떠오르지 않아 무기력해졌다. 무당이 신기를 잃어버리듯 머릿속이 하얗게 백지상태가 된 듯했다.

'도대체 이 많은 짐은 어떻게 해야 하나?'

집은 좁은데 방마다 짐이 가득했다. 결혼 후 아이들이 태어나면서 책장을 차지하지 못한 책들이 즐비했고, 장난감을 마구 담은 상자들이 베란다며 수납장에 가득했다. "아이들 때문에…"라며 부부가 겸연쩍게 웃었다. 서재로 썼다던 작은방은 그 기능을 잃은 지 오래다. 부부의 공간인 안방마저 아이들 물건으로 채워져 있어 그의 집을 정리할 해결책은 도무지 없을 것만 같았다.

위에 소개한 두 집은 상이한 사례다. 그런데 현재 상황에 이른 데는 공통된 이유가 있다. 비우지 못한 점, 바로 마음의 욕심을 버리지 못한 점이다. 물론 무조건 버리는 것이 최선은 아니다. 그러나 정리 정돈을 하는 습관이 필요했다. 또 취미활동과 같은 '채움' 에서 이것들을 무조건 집 안으로 들이기가 아닌, 공간을 가치 있게 활용하는 안목이 필요했다. 그 또한 정리 정돈의 일부다. 물론 쉬운 일은 아니다. 누구나 쉽게 할 수 있어도 아무나 하기는 어렵다. 그래서 어떤 경우는 살림을 늘리기 보다 차라리 비우는 것이 더 깨끗해 보이기도 한다. 요즘의 미니멀 라이프가 그렇지 않은가.

누구에게나 소유욕이란 있다. 무소유를 외쳐야 할 만큼 마음을 흔들리게 하는 욕구가 소유욕 아니던가. 좋은 것을 보면 갖고 싶어지고, 욕심이 지나치면 공간을 고려하지 않고 채우게 된다. 그것을 잘못이라고 말하고 싶지는 않지만, 다만 모든 채움에는 마음과 공간에 여백이 필요함을 명심하자.

빈 공간이라면 무엇이든 둘 수 있다는 마음은 버리자. 놓을 장소가 없어 쌓아 둔다면 집 안 어디에도 여백, 혹은 여유가 있을 수 없다. 그러면 삶도 답답해지고 쫓기듯 각박해진다. 때때로 쉬어 가는 느림의 미학이 필요하듯 마음을 둘 수 있는 여백이 우리의 주거공간에도 반드시 필요하다.

예뻐서 사는 물건이지만 나의 집과 어울리는 소품인지 고민하자. 반드시 필요할 것 같은 취미용품이라도 정말 그러한지 따져 보자. 아이가 훌쩍 커버려 더 이상 필요 없는 장난감은 나눔으로 비우는 마음의 여유도 갖자.

채우려면 비워야 한다. 정돈해서 잘 두었다는 물건이 어느 수납장에 갇혀 있는지는 주인도 기억하지 못하기 일쑤다. 입지 않는 옷은 '유행은 돌고 돈다'는 말에 혹하여 옷장에서 몇 년씩 묵혀지는 짐이다. 아무리 훌륭

한 취미라도 넘치는 용품은 집 안을 창고로 만들 수 있다. 그러니 비워야 한다. 비워야 다시 채울 수도 있다.

홈스테이징의 원칙은 있는 물건을 사용하되 큰돈이 들어가는 구조적 변경을 하지 않는 것이다. 그래서 때로는 원칙을 뛰어넘는 꼼수가 필요하니 바로 수납의 마법이다. 각각의 개성을 가진 물건들이 즐비한 K 씨의 집 안은 공통된 특성, 즉 동일한 물성을 가진 것들을 모아 수납하는 것으로 최선의 해결책을 찾을 수 있었다.
K 씨의 수석들은 시선을 두는 어느 곳에서도 보였다. 나는 원래 있었던 수납장의 수납 선반을 늘려 더 많은 수석을 보기 좋게 채워 주었다. 그러자 집 안을 복잡하게 만들고 답답해 보이게 했던 그것들이 제 집을 찾은 듯 정리 정돈이 됐다. 쉬워 보여도 아무도 하지 않았던 일이다.
S 씨의 집 안에 넘쳐나는 아동 용품은 정리 정돈과 함께 선별 작업에 들어갔다. 성장기의 아이들이라 이미 나이에 맞지 않는 장난감이나 책은 분류하여 이웃과 나눌 수 있도록 했다. 그럴 수 없는 것들은 베란다에 어지럽게 쌓아 두는 대신 어수선한 모습을 최대한 가릴 수 있게 했다. 비로소 여백이 나타났고 이상한 점이 사라지기 시작했다.

"별거 아닌 것 같은데…"

작업을 지켜본 누군가 이런 말을 내뱉었다. 작업 도중 종종 듣는 말이기도 하다. 틀린 말은 아니지만 이렇게 별거 아닌 것을 아무나 하지 못한다. 다만, 여백을 위해 욕심을 버리고 비움을 선택한 이들은 누구나 할 수 있다. 그래서 홈스테이징을 마법이라고 하지 않는가.

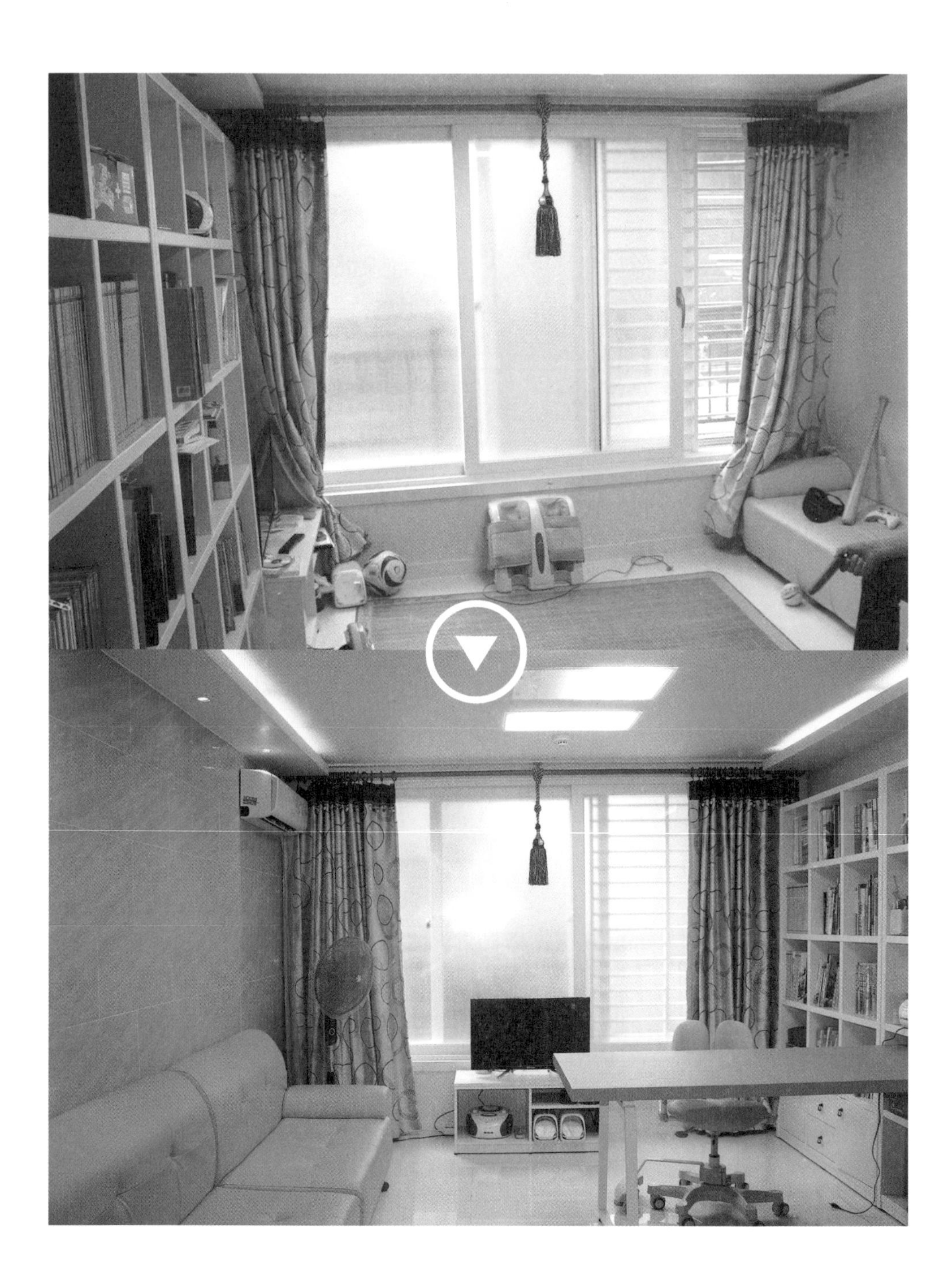

마법이 일어난 집은 이전에는 비로소 찾아볼 수 없던 여백을 만들어 냈다. 구석구석 벽을 가렸던 물건들이 치워지고 정리되자 시선이 트이며 답답함도 사라졌다. 현관 바닥에서 아옹다옹 전투를 치르고 있던 신발들은 수납공간을 늘린 신발장 덕분에 평화가 찾아왔다.

'여백'은 삶이라는 긴 문장 속에 꼭 필요한 쉼표다. 다음 문장을 읽기 위해 잠시 쉬며 호흡을 고를 필요가 있다. 그래서 우리가 가장 오래 머무는 집에도 여백이 필요하다. 여백이 생긴 집은 사람에게 어떤 변화를 가져다줄까. 우선 더 머물고 싶은 공간이 된다. 어수선해서 사람의 정신까지 복잡하게 만들었던 공간이 안정되니 심신의 안정까지 가져온다. 비로소 집이 가진 휴식과 쉼이라는 본연의 기능이 되살아나고, 살고 싶은 집이자 자랑하고 싶은 집이며 갖고 싶은 집이 된다. 정리 정돈이 잘된 안락한 집에서의 휴식이 달콤한 이유가 여기에 있다. 그러니 이런 집에서는 누구든 행복해지는 것이 당연하지 않을까.

02

배려

타인의 시선으로 배려하라

현대사회는 내가 중심인 세상이다. 언뜻 생각해 보면 좋은 현상인 듯도 하다. 자신을 사랑하는 사람이 많다는 것은 행복한 사람이 그만큼 많다는 뜻이기도 하기 때문이다. 그런데 어느 순간부터 자신을 사랑하는 것이 지나쳐 이기적인 사람이 되고 있음을 보게 된다.

장애인 학교를 세우면 집값이 떨어진다고 결사 반대를 외치는 사람들이 세상을 슬프게 만들지 않던가. 그들도 한때는 집값에 거품이 많다며 하락을 외쳤던 사람들이 대부분일 텐데 입장이 바뀌니 이렇게 돌변해 버린다. 천지가 개벽해도 대들보만 부둥켜안고 있을지 모른다. 대체 집이 무엇이기에 사람을 이토록 냉혹하게 만드는 걸까.

배려를 하다 vs 배려를 원하다

사례 1

OO동 OOO아파트에 살고 있는 의뢰인 A 씨는 올해 50대 초반의 가장이다. 그에게는 우리나라에서 무소불위의 권력을 가졌다는 고3 외동딸이 있다. 얼마나 무서운지 살고 있는 집의 인테리어 기준까지 수험생 딸의 기준에 따랐다. 딱 1년만 유지되는 권력의 기준, 길게 보아야 3년이 고작인데 집안 분위기를 완전히 장악했다.

딸이 미대 입시를 준비하고 있는 수험생이라는 사실은 머리만 감춘 채 온몸을 드러내고 있는 짐승의 정체를 알아맞히는 것처럼 쉬운 일이다. 중학교 때부터 그린 그림들이 현관에서부터 손님을 맞이하고 있었고, 심지어 유치원 시절에 그린 그림도 주방 냉장고 한쪽 벽면을 장식했다. 색연필로 삐뚤빼뚤 그린 가족 나들이 그림, 엄마의 초상화, 눈동자가 얼굴의 절반을 차지하고 머리카락이 꼬불꼬불한 사람 그림 등이다. 아마도 아이가 있는 집이라면 상황은 비슷할 것이다.

사례 2

OO동 OO 아파트 50평형에 살고 있는 B 씨는 넓은 집에 부부만 단출하게 살고 있었다. 자녀가 둘 있는데 큰아들은 결혼해 분가했고, 둘째 딸은 외국 유학 중이다. 가끔 아들 내외가 갓난쟁이 손자를 품에 안고 오면 녀석의 재롱을 보는 재미가 쏠쏠하다고 했다. 취미가 등산이었고, 산을 많이 다녀서 그런지 아름다운 절경을 담은 사진들이 꽤 많다.

아내는 조각보 만드는 것이 취미다. 그런데 남편은 그녀가 바느질하는 것을 썩 좋아하지 않는다. 돋보기를 쓰고 오랜 시간 공들이며 한 땀 한 땀 바느질해 만든 멋진 작품 대부분이 옷장 속에서 잠을 잤다. 바느질하는 모습이 왠지 궁상맞아 보인다고 하는 남편 B 씨 때문이다. 그는 취미 삼아 모은 고가구와 도자기에 심취해 있다. 바느질하는 아내에게도 같은 취미를 권하며 열심히 먼지를 닦으라고 지청구를 한다. 아내의 취미가 걸레질이 아닌데도 그렇다.

사례 3

OO시 C 씨 부부의 주택은 누가 보아도 감탄할 만하다. 홈스테이징으로 마법을 부리니 주인 부부도 눈을 반짝였다. 마치 꿈의 궁전을 본 듯한 표정이었다. 그들은 예쁜 앵무새를 기른다. 앵무새는 새장 안에 갇혀 있었다. 집에서 기르는 새이므로 새장이 당연하겠지만 내 눈에는 안타까워 보였다. 사람의 집에 홈스테이징이 필요한 것과 마찬가지로 새의 집에도 그에 어울리는 환경과 홈스테이징이 필요한 것은 당연한 일일 것이다.
그래서 베란다 정원을 멋지게 꾸몄다. 사람도 그 사람이 기르는 새도 기뻐할 작은 숲이 탄생했다. 큰 숲은 아니지만, 열린 창문을 타고 들어온 바람결에 초록 잎이 흩날리는 작고 아담한 숲이었다.
바람이 앵무새의 털을 나부끼면 옹알옹알 지저귀기 시작한다. 분명 앵무새들 사이에 유행하는 노래였을 것이다. 어쨌든 나는 그날 밤 앵무새의 전화를 받았다. 감동한 앵무새는 "감사합니다"라며 고개를 연거푸 끄덕였다. 물론 텔레파시로 연결된 무선 전화였다. 집주인도 앵무새만큼 즐거워했다.

위의 사례들은 이해를 돕기 위해 일부 내용을 과장했다. 배려가 무엇인지 설명하기 위해 한 허무맹랑한 설정에 다소 의문이 들 수 있어도, 사실 대한민국의 여느 집과 크게 다르지 않다. 끼니만큼 가가호호 방문을 자주 하는 내가 늘 목격하는 일이기도 하다. 해당 고객에겐 미안한 말이지만 홈스테이징을 소개하기 위한 일이니 이해해 주리라 믿는다.

좀 과장되었지만 A 씨의 경우, 모든 흐름이 자녀 중심으로 돌아가는 것을 무시하지 못한다. 고3이라고 바뀌는 것은 아닐 것이다. 대한민국의 입시제도와 교육환경이 우리 삶에 너무 깊숙이 파고들어 있지 않던가. 유치원 시절에 그린 그림이 냉장고 벽을 여태 장식하고 있고, 가장 최근에 그린 유화도 거실 벽에 있을 법하다.
입시에 집중해야 하는 아이는 책상 앞에 앉아 공부하고 싶어지는 방을 원했다. 아이의 요구를 들어주는 대신 엄마와 아빠가 그간 상실했던 공간을 최적의 상태로 만들었다. 서재는 아빠에게 돌려주었고, 주방은 엄마의 몫으로, 거실은 가족이 소통하는 공간으로 되살렸다. 학생의 그림들은 소품과 가구에 어울리는 곳들로 이동했다. 냉장고 벽을 아무렇게나 장식했던 색연필 그림들도 정리됐다.

B 씨의 경우, 두 손에 걸레를 쥐어주고 도자기를 닦게 하고 싶었지만 아내의 아름다운 작품을 즐기게 하는 것으로 마무리됐다. 자신의 취미를 같이 나누기를 고집한 남편이었다. 그런데 아내가 수를 놓은 모시 조각보가 커튼의 자리를 차지하자 묘한 표정을 지었다. 겉으로는 "돈 안 들어 좋구만!" 하며 입맛을 다셨어도 눈빛은 조각보를 떠나지 못했다. 게다가 조각보는 고가구나 도자기와 너무도 잘 어울리는 단아한 기품이 넘쳤다.

달빛이 수북하게 안겨 머무르다 갈 것만 같은 아름다움에 밤이 기다려졌다.
자기 자리가 생긴 모시 조각보처럼 남편의 공간이 전부였던 집 안에 아내의 공간도 차츰 생겨났다. 아내의 얼굴은 점점 밝아졌고, 처음엔 굳어 있던 남편 B 씨의 얼굴도 홈스테이징이 완료될 즈음에는 환해져 있었다.

C 씨의 집 앵무새 이야기는 한 가지만 제외하면 사실에 가깝다. 앵무새가 텔레파시로 전화를 했다는 이야기만 사실이 아니다. 그런데 나는 앵무새의 날갯짓과 노랫소리가 예전과 다르다는 것을 본능적으로 알았다. 앵무새는 기쁨으로 환호하고 있었다. 거실 한쪽에서 TV를 보며 사는 것과 베란다에 만들어진 작은 숲에 사는 것 중 어느 것을 더 좋아할지는 알아차리기 쉽다. 앵무새가 막장 드라마에 심취해 있는 것만 아니라면 당연한 일이 아닐까?

배려는 상대방에게 요구하지 않고 받았을 때 아름답다. 요구받은 배려는 배려가 아닌 희생을 강요하는 일이다. 우리는 이 차이를 잘 의식하지 못한다. 원하건 원하지 않건 내가 먼저 타인의 입장이 되어 주고, 타인도 나의 입장이 되어 주는 일이 그렇게 어려운 일일까?
'나' 혼자 사는 집이 아닌 이상 타인을 위한 배려는 가족 구성원 누구에게나 중요하다. 안방의 부부침대가 아이방에 있다면, 아이의 공간을 침범하며 배려하지 않은 것이다. 또 아빠의 서재에 아이의 장난감이 널려 있다면 아버지의 입장을 고려하지 않고 희생을 강요한 것과 같다. 단지 빈 공간이 그곳에 있다고 용도나 가치를 배려하지 않고 함부로 채울 수 없는 이유다.

A 씨의 경우, 딸은 당당하게 그러나 지나치게 자신의 위치를 드러냈다. 더 이해할 수 없는 것은 수험생을 자녀로 둔 학부모의 마음과 태도다. 속으로는 '두고 보자! 고3만 지나가 봐라'라고 했던 엄마나, '재수는 안 시킨다'고 벼르던 아빠가 희생하듯 아이에게 맞춘다는 것이다. 공부에 집중할 수 있도록 배려하고 신경 써야겠지만, 진정한 배려란 잘못된 것을 바로잡고 그것이 무엇인지 말할 수 있는 용기가 필요하다. 가족 모두가 행복해야 하지 않을까?

누구나 예상할 수 있듯 고3 수험생의 권력 또한 화무십일홍(花無十日紅)이다. 수험생 신분은 반드시 지나가게 되어 있다. 모두들 공부에 집중하는 방을 원하는데, 사실은 '공부에만 집중할 수 있는 방'을 원하고 있는 것은 아닌지 돌아보아야 한다.

홈스테이징 후, 수험생은 달라진 자기만의 공간 분위기에 매료되어 환한 미소를 지었다. 자기 방에서 진정한 휴식이 가능해지고, 공부에도 집중하기 좋은 방으로 변신했기 때문이다. 친구들에게 사진을 찍어 보내고, SNS에도 올려 자랑할 법도 하다. 부모님의 행복은 당연한 것 아닌가. 사실 대학에 붙건 떨어지건 딸의 행복이 우선인 것이 부모의 마음이다.

B 씨는 전형적인 대한민국 남편상이었다. 무뚝뚝하고 고지식한 독불장군이다. 가상이자 극적인 인물로 묘사했지만, 요즘 그처럼 살았다간 석 달 열흘 곰탕만 먹을 수도 있다.

참으로 속상하고 안타까운 것은 B 씨의 부인과 같은 삶을 사는 중년의 여성이 의외로 많다는 사실이다. 그녀들은 자신의 공간은커녕 이름마저 잊고 살아간다. 살다 보니 어느새 자신의 이름이 낯설어지고 "엄마는 고기 못 드셔"라는 자식의 말에 씁쓸해질 수도 있다. 남편이 자신만 고집하는 것을 조금만 멈추고 아내를 돌아보아 준다면 쉽게 그 그늘이 걷힐 것이다.

요즘 C 씨의 집처럼 반려견이나 반려묘가 있는 집이 많아졌다. 그들을 진정 사랑한다면 가족 구성원으로 받아들이고 각기 나름의 배려를 받을 수 있도록 하는 것이 옳다고 믿는다. 그런데 뉴스나 신문을 통해 버려지거나 학대받는 동물을 종종 보게 되니 안타까움이 크다. 가족이라지만 아플 때 외면하고 함부로 버리거나 화풀이 대상으로 쉽게 생각하는 것 같아 마음이 스산해진다. 앵무새의 날개를 잘라(날지 못하도록 비상 깃털을 자르는 것) 내 곁에 머무르게 했다면 최소한의 자유를 꿈꿀 수 있는 권리를 허락해야 한다. 그래야 가족이다.
언젠가 C 씨의 앵무새에게 해 주었던 것처럼 반려견에게 편백나무 집을 만들어 선사한 적이 있다. 녀석은 어땠는지 몰라도, 집주인의 기쁨은 더할 나위 없었다. 플라스틱 집에서 솜방석을 깔고 살던 녀석이 편백나무 향을 맡으며 살게 됐다. 집주인으로부터 반려견의 집값은 받지 못했다. 개의 집쯤이야 서비스라고 생각했을지 모른다. 그 대신 집주인 개가 기쁨을 표하며 꼬리를 흔들었다.

"내 입장에서 생각해 봐. 배려라는 걸 좀 해 봐."

사람들은 이렇게 말하며 타인에게 배려를 요구한다. 받아도 될 위치이며 당연한 권리라고 여기기 때문이다. 수험생이 가정이라는 세상의 중심이 자신이라고 생각하듯, 아내에 대한 배려를 잊은 채 '남편은 왕이다'라고 외치듯, 가족이고 '너 없으면 나는 못살아'를 외쳐도 동물은 사람 아래 있다고 외치듯… 우리는 배려라는 말로 상대의 희생을 요구한다. 내가 먼저 상대를 생각해 주는 것이 배려임을 사람들은 잊고 있다.

홈스테이징은 나만의 시선이 아닌 타인의 시선으로 공간을 바라볼 수 있어야 가능하다. 때로는 아버지를 위한 공간이 필요할 수도 있고, 또 때로는 어머니를 위한 공간이 될 수도 있으며, 사람에게 국한되지 않을 수도 있다. 작고 연약한 동물, 구석에 쌓아 둔 오랜 그림, 귀갓길에 화원에서 산 작은 화분 등 무엇이건 해당된다. 그것들이 속해 있는 공간조차도 나의 것으로 함부로 침범하지 않고 지켜질 수 있도록 배려해야 한다. 존재의 가치를 높이는 일은 인정하고 배려함을 통해 만들어진다.
내가 의뢰인을 방문할 때 느끼는 것들이 '이상한 점'이고 홈스테이징으로 그것들을 해결할 방법을 모색할 때 필요한 것이기도 하다. 바로 '나의 시선'과 '타인의 시선'을 구분할 줄 아는 것! 이것이 지켜지지 않는다면 누구 단 한 사람만 만족시키는 엉터리가 될 수 있다.
집주인만 혼자 만족하는 기이한 홈스테이징이 무슨 소용이 있을까. 진정한 홈스테이징은 그 집의 구성원과 방문하는 손님까지도 고려 대상에 포함해야 한다. 그렇기에 홈스테이징 이전의 주택들은 매매도 임대도 어려웠다는 것을 알자. 홈스테이징 불변의 법칙 중 두 번째는 배려다. 배려를 알면 홈스테이징이 필요한 '우리 집의 이상한 점'이 보인다. '내'가 움직여야 한다. 남을 움직여서는 인테리어가 변하지 않는다. 타인의 시선으로도 보아야 한다.

Before

After

03

고정관념

깨뜨리라고 있는 것이 고정관념이다

부부가 첫아이를 출산하면 유아용품을 본격적으로 준비하게 된다. 이불부터 옷과 신발, 인형과 모빌 등 소소한 액세서리까지 굳이 발품을 팔아 이곳저곳 다니지 않아도 된다. 유아용품 전문점을 방문하면, 그야말로 원스톱 쇼핑이 가능하다.

"여자 아이인가요, 남자 아이인가요?"

첫 손주가 태어난 기쁨에 유아용품을 사러 들렀을 때 점원이 이렇게 물으며 남자 아이라면 파란색 계통의 용품을, 여자 아이라면 분홍색 계통의 용품을 권했다. 그것이 정해진 규정인 것처럼 통용되는 사회라니! 이렇게 '이상한 점'은 우리가 생활하는 일상 도처에 난무한다. 문득 돌아보니 사방이 온통 분홍이고 파랑이다.

인테리어와 홈스테이징에도 고정관념이라는 것이 존재한다. 여자 아이는 분홍색, 남자 아이는 파란색이 정해진 것처럼 침대는 창문 밑에 존재해야 하며, 옷장은 몇 칸이건 반드시 붙여야 하고, 책상은 책장과 나란히 있어야 한다는 고정관념은 의뢰인의 집들에서 흔히 발견하는 '이상한 점'이다.

가장 눈에 띄는 고정관념은 모든 가구가 벽에 딱 붙어 있어야 한다는 것이다. 침대, 책상, 책장, 소파 등 어느 한 면이 벽에 붙어 있지 않은 경우가 없다. 그것들은 마치 반드시 그래야 한다는 법칙처럼 모두 벽에 붙어 있었다. 침대가 창문 밑에서 붙어 있고, 책상과 책장은 떨어지면 절대 안 되는 세트 가구처럼 붙어 있다. 또한 모든 장롱은 정답인 양 연이어 있다.

떨어뜨려 놓는 가구도 별 다르지 않다. 찍어 놓은 듯 좌우대칭이라는 틀에 박힌 방법을 고수한다. 물론 좌우대칭이 필요한 경우도 있다. 그러나 잘 둘러보자. 우리가 사용하고 있는 모든 가구가 벽을 기준으로 어느 한 면이 모두 붙어 있다는 것과 좌우대칭을 고수하고 있다는 것을 발견할 수 있다.

홈스테이징 불변의 법칙 '배려'에 등장했던 사례를 되짚어 보자. 우리가 흔하게 빠질 수 있는 고정관념이 보인다. 특히 학생방의 침대가 벽에 붙어 있어 커튼이 제 모습을 보여 주지 못하고 엉망으로 구겨져 있었다. 10센티미터만 띄우면 이 문제는 모두 해결된다. 커튼은 본래의 모습으로 예쁘게 밑으로 내려앉았고, 침대와 벽의 벌어진 틈에는 감추어도 좋을 물건(얇은 가방이나, 스케치북 등)을 보이지 않게 넣어 두게 했다. 10센티미터의 마법이었다.

또 다른 고객 B 씨의 학생방은 책상과 책장이 붙어 있었는데, 마찬가지로 벽에 붙이다 보니 베란다의 채광을 가리면서 오히려 어색함을 드러낸 경우다. 책장은 반드시 서 있어야만 할까? 그래야만 한다는 법칙은 누가 만들었을까. 아무도 책장을 눕힐 수 있다는 생각을 하지 못한다. 나는 책장을 과감하게 눕혔다. 누운 책상은 책을 모두 수용하면서도 높이가 낮아진 만큼 또 다른 소품들을 올려놓을 수 있었다.
좌우대칭의 사례는 매우 흔하기 때문에 누구나 쉽게 찾아볼 수 있다. 예를 들어 TV가 놓여 있는 거실, 장롱과 장롱 사이의 화장대, 침대 양옆의 협탁 등이 그렇다. 그것들이 반드시 좌우대칭이어야만 한다는 규칙을 누가 만들었는지는 아무도 알 수 없다. 세 칸짜리 12자 장롱이 반드시 붙어 있어야 한다는 규칙도 없다. 처한 환경에 따라 그것을 탈피할 수 있어야 오히려 어색함이 없는 인테리어가 될 수 있다.

접하는 고정관념이 대부분 '이상한 점'을 만들고 있었다. 정해진 규칙인 양 보이지 않는 기준이 된 고정관념은 곳곳에서 사람들을 압박하고 인테리어를 망치는 원흉이 된다. 채광을 가려 방 안을 어둡게 하고, 가슴까지 확 트이는 전망도 가릴 수 있는 것이 고정관념이었다. 책상 옆에 있어야 한다는 고정관념에 베란다를 가리는 책장이 그렇다.
깨뜨려야 사람을 자유롭게 하는 것이 고정관념이다. TV를 기준으로 좌우대칭이었던 인테리어는 이유가 분명한 경우인 스피커의 위치가 아니라면 얼마든지 변화를 줄 수 있다. 반드시 붙어 있어야 할 세 칸짜리 장롱이 안방이 좁아 제자리를 찾지 못하고 있다면 두 칸과 한 칸으로 분리하여 놓을 수 있는 용기가 필요하다. 쓸데없이 혼자서만 길고 높았던 책장이 누우니 시야가 편안해지고 안정감이 생긴다. 반드시 그래야 한다는 잘못된 고정관념을 버렸기에 얻을 수 있는 마음의 평화이자 바람직한 홈스테이징의 마법이었다.

이처럼 '이상한 점'이 발견되는 인테리어에서 고정관념의 경계를 무너뜨리는 것은 반드시 필요한 과정이다. 용기가 없다면 이룰 수 없다. 틀에 박힌 사고방식으로 불가능을 외친다면, 가능한 것을 찾는 길이 좁거나 아예 없을 수 있다.

"어? 그렇게 하면 되는군요."

책상과 책장이 분리되고, 크기 때문에 놓을 자리가 없어 베란다를 가리며 자리를 차지했던 장롱, 장롱과 장롱 사이에 갇혀 숨을 쉬지 못했던 화장대를 탈출시켰을 때 고객은 이렇게 말했다. 사고를 가두었던 고정관념이 깨지면서 부정적이었던 사람이 긍정의 인간으로 다시 태어나는 순간이다.

정리 정돈을 잘하고 청소를 깨끗하게 하며 근검절약하는 것이 홈스테이징의 기본 원칙이라고 볼 수 있다. 그러나 그것 이상의 것을 이루어 내고 만족스러운 변화를 이끌어 내는 것이 '고정관념 깨뜨리기'다. 고정관념은 깨뜨리라고 있는 것이다. 그것을 깰 수 없다는 생각마저 고정관념이다.
다시 말하지만 홈스테이징으로 '행복'을 얻을 수 있다. 집이 우리에게 편안한 휴식의 공간이 된다면 정신적인 안정을 누리고 몸도 마음도 평안한 집이 될 수 있다. 그것이 우리가 찾는 진정한 행복이 아닐까. 그러기 위해서는 자신을 단단하게 감싸고 있는 철갑 같은 고정관념을 과감하게 부술 용기가 필요하다.

Before

피아노가 창문 너머의 풍광을
가리고 있다.

After

침대와 피아노가 맞대게 배치하자 창문 너머 풍광들이 방 안에 가득하다.

Before

간신히 잠을 자고 공부를 할 수 있는 협소한 공간이다.

After

침대와 책상을 벽으로 배치하니 여유 공간이 생긴다.

Before

의자를 돌리면 바로 침대에 누울 수 있어 긴장감이 떨어진다.

After

책장을 등지고 침대 옆으로 책상을 옮기자 예상하지 못했던 의외의 서재 공간이 생겼다.

04

독립성

집에 감춰진 보물을 독립시키라

국내 영화 가운데 주연급 여배우들이 모여 대화를 나누는 영화가 있었다. 그녀들은 이제 막 인기를 얻은 젊은 여배우부터 노련한 노년의 여배우까지 다양했다. 모두 주연급으로 존재감이 대단했다. 막내라고 칭한 여배우는 경력은 짧지만 한창 주가를 올리고 있던 주연급이었고, 가장 최고령의 여배우는 선생님이라고 불리지만 인기는 이미 사라지고 화려한 경력만 훈장처럼 남아 있는 이른바 한물간 배우였다. 모두 빛이 났고 화려한 그녀들… 감추고 싶은 사연은 제각각 달라도 그녀들은 모두 주연이고, 모두 아름다웠다.

영화의 콘셉트야 원래 그렇다지만, 문득 재미있는 생각이 든다. 그녀들이 제각각 한 영화의 주인공을 맡았거나, 아니면 또 실제 주연급 여배우들 모두가 아닌, 주연급 여배우 한 명과 알려지지 않은 조연급 여배우들이 이영화를 맡았다면 어땠을까?

가구나 소품에도 주연이 있고 조연이 있다. 집을 구성하는 각 공간인 방

Before

한눈에 봐도 위치가 어정쩡하다.

들과 욕실 등에도 주연과 조연이 있다. 모두 주연이 될 수는 없으며, 각자 제 나름대로의 매력을 발산해야 살아남을 수 있다. 그것이 독립성이다. 홈스테이징과 인테리어에서도 독립성이 중요하다.

매력적인 유리 장식장과 서랍장이 나란히 붙어 있는 광경이다. 잘 보이지 않지만 유리 장식장 위에는 담금주와 코끼리 가족 여섯 마리가 크기별로 나란히 놓여 있다. 왜 이렇게 나란히 놓았는지 그 이유는 분명하다. 벽의 가로 폭이 장식장 두 개의 폭과 비슷했다. 흔히 할 수 있는 실수다. 붙여 놓으면 오히려 집을 좁아 보이게 할 수 있는 오류를 사람들은 잘 인식하지 못한다.
간격을 띄우면 모든 것은 해결된다. 커튼은 본래의 모습으로 예쁘게 밑으로 내려앉았고, 침대와 벽의 벌어진 틈에는 감추어도 좋을 물건(얇은 가방이나 스케치북 등)을 보이지 않게 넣어 두게 했다. 10센티미터의 마법이었다.

가격과 상관없이 의뢰인의 안목을 엿볼 수 있었다. 왼편의 유리 장식장은 음각된 아름다운 꽃무늬가 전면과 측면을 수놓으며 우아한 자태를 뽐냈다. 어떤 장식장도 곁에서 빛을 내기 힘들어 보였다. 만약 두 개가 동일한 장식장이었다면 나란히 두어도 상관없었을 것이다.

우측의 장식장은 짙은 갈색으로 네 개의 미끈한 다리와 상단의 프레임 곡선이 강조된 수납장이다. 서랍마다 달린 두 개의 손잡이가 제복을 갖춰 입은 늙은 노장의 가슴에 달린 훈장처럼 감명 깊었다. 마치 영웅의 오래전 승전가라도 들려줄 것 같았다.
그런데 너무 과했다. 이렇게 아름다운 가구 두 개가 나란히 위치해 서로 매력을 뽐내며 힘겨루기를 하고 있어 부담스러웠다. 서로의 자태에서 우러나

오는 빛이 상대를 알아보지 못하게 막고 있었다. 우리가 흔히 말하는 '이상한 점'이다.
해결 방법은 간단했다. 붙어 있어 문제가 된다면 떨어뜨려 놓는 것이다. 혼자 독립된 공간을 차지하니 좌우 측면의 무늬까지 드러난다. 사람의 시선을 온전히 독차지하겠다는 욕심이 대단한 장식장이었다. 또한 그럴 이유가 충분할 만큼 매력적이다.
유리 장식장을 꼭대기에서부터 짓누르고 있던 담금주와 여섯 마리의 코끼리 가족도 이사했다. 책장, 장롱, 장식장의 상단은 수납공간으로 전락하기 쉬운 곳이다. 좋은 선택이라고 할 수 없다. 가구들의 상단 공간에 무언가 올려놓기 시작하면 아무리 넓은 집의 훌륭한 인테리어라도 한순간에 무너진다. 수납공간이 아닌 곳에 물건이 쌓인 탓이다. 그곳은 비우는 공간이지 물건을 쌓는 곳이 아니다.

이렇게 두 개의 가구나 인테리어 소품이 각기 다른 매력이 있는데 나란히 붙어 싸움을 하고 있는 모양새는 누구에게나 이상하게 보이고 불편한 점이다. 공간이 충분하다면 서로 다른 공간을 차지함으로써 각자의 매력을 발산할 수 있다. 특별한 인테리어 가구나 소품은 독립성이 강조될 이유가 충분한 이유가 있다. 포인트가 될 수 있는 매력적인 것들은 모아 두지 말고 홀로 고고하게 빛이 나도록 공간을 따로 부여하는 것이 좋다.

"이 방은 원래 서재였는데 창고로 쓰고 있어요."

도저히 참지 못하겠다며 홈스테이징을 의뢰한 고객들이 자주 하는 말이다. 정리 정돈이 제대로 되지 않아서다. 대개 이런 상태의 집들은 집 안내의 각 공간이 저마다 갖는 목적을 잃고 있다.
처음 신혼살림을 장만할 때는 그렇지 않았을 것이다. 대부분 침실(안방)은 잠을 자고 휴식을 취하기 위한 공간으로 안락하게 꾸며진다. 거실엔 쉴 수 있는 소파와 TV가 있었을 것이다. 남는 작은방은 서재 혹은 드레스룸으로 꾸몄을 것이다.

그런데 아이가 태어나고 가구가 점점 늘어난다. 새 가구를 둘 곳은 없어지고, 갑자기 아이 중심으로 모든 것이 바뀐다. 최적의 홈스테이징과 최악의 홈스테이징 사이의 경계를 넘나들어도 신경 쓰지 않는다. 안방 침대 곁에 유아침대가 놓여도 빈 공간만 있으면 스타일링에 크게 신경 쓰지 않는 것이 부모다. 우리는 그것이 당연하다고 착각한다.
그래도 자녀가 갓난아이일 때는 낫다. 조금 더 성장하여 아이가 걷기 시작하면 눈에 띄도록 살림이 늘어난다. 넓은 집에서 여유 있게 시작한 사람은 그럴 위험성이 낮겠지만, 작은 집에서 시작한 부부일수록 거침없이 늘어나는 자녀 살림을 정돈하기 바빠진다.
아마도 가장 많이 늘어나는 것이 책과 장난감일 것이다. 아이의 물건이 점점 거실을 차지하기 시작하고, 아빠의 공간인 서재를 잠식하기 시작한다. 주방이라고 예외는 아니다. 냉장고 벽은 어느새 아이의 첫 그림이 붙게 되고, 부부의 웨딩 사진 옆에는 아이의 사진 액자도 놓인다. 아이가 갖고 놀던 장난감들이 연령대별로 쌓이는 것은 어쩔 수 없다.
늘어나는 어른들의 옷도 장롱을 벗어나 조금이라도 빈자리가 남는 방에 행어를 걸어 수납하게 된다. 거실 한 구석을 갖가지 운동기구가 차지하기도 한다. 집을 구성하는 개별 공간들이 점점 목적을 잃는 것이다.
홈스테이징 불변의 법칙 중 독립성 이야기다. 실생활에 필요한 가구나 소품중에는 물성이 맞는 것들과 함께 어우러져야 살아나는 것들이 있는 반면, 함께 있기보다 독립적으로 독야청청해야만 가치를 살릴 수 있는 것이 있다.
공간도 마찬가지다. 침실은 침실다워야 한다. 자녀의 방은 어릴 때는 놀이와 휴식이 가능한 방으로, 학령기 이후부터는 학습에 집중할 수 있되 안락한 수면을 방해받지 않는 공간이어야 한다. 서재도 그 나름의 가치를 갖고 있다. 만약 아빠만의 공간이라면 독서나 취미 생활에 방해받지 않는 환경을 살려야 서재로서의 독립적인 기능을 발휘할 수 있다.

이처럼 홈스테이징에는 독립성을 중요시해야 하는 기본적 법칙이 있다. 어디를 어떻게 해야 옳은 것인지 알 수 없는 경우, 혹은 각 방의 경계와 가치가 무너져 되살려야 하는 경우는 독립성을 기억하자. 각 공간의 독립성이 무너진다면 거실은 곧 침실이 되고, 침실은 아이들이 뛰어노는 놀이 공간이 될 수도 있다. 공간의 가치를 살리는 일, 포인트가 되는 가구나 소품의 가치를 살리는 일 모두 독립성이 언제나 기준이요 원칙이다.

NEX

05

물성

물성을 고려하여 부조화를 없애라

사물에도 마음이 있다면 주변의 다른 존재로부터 동질감이 바탕인 연대의식을 느낄지도 모른다. 가장 편안하게 다가설 수 있어서다. 사람이 그렇다. 가장 비슷한 사람에게 편안함을 느끼고, 자연스레 유대관계를 맺게 된다. 그리고 그들은 제법 잘 어울리는 커플 혹은 무리가 된다.

그렇다면 동질감이 주는 편안함이란 무엇일까. 우리는 비슷하거나 같다는 것에 큰 부담을 느끼지 않는다. 익숙하기 때문이다. 그래서 낯선 사람에게서 비슷한 점을 발견하면 함께 기뻐하고 마음의 거리가 가까워진다. 고향, 학교, 나이, 취미, 심지어 같은 군대 출신이거나 같은 맛집을 다녀왔다는 경험만으로도 우리의 대동단결이 당연한 것이 되지 않던가.
사물에도 마음이 있을까? 누군가 나에게 묻는다면 나는 '그렇다'고 답할 것이다. 사물도 비슷한 동질의 것들이 서로 잘 어울린다. 물건의 재질, 색깔, 무늬, 느낌, 용도 따위의 물리적 성질이라면 모두 그러하다.

홈스테이징을 업으로 하는 사람이건, 그렇지 않은 사람이건 방문한 집에서 '어색함'을 느끼는 이유는 그것들이 서로 어울리지 않아서다.

"튄다."

부조화를 두고 사람들은 이렇게 표현한다. 모난 돌이 정 맞는다고, 실내 인테리어에서도 유난히 눈에 들어오는 소품은 튄다며 지적받을 수 있다. 이유는 분명하다. 다른 것들과 어울리지 않고 이질적이기 때문이다. 반대로 생각하면, 강조하고 싶거나 자랑하고 싶은 물건은 튀어 보이도록 하면 된다.

이렇게 동질감을 느낄 수 있는 사물을 찾는 기준, 그것이 바로 물성(物性)이다. 화이트 계열의 가구들 틈에서 짙은 월넛 색상의 가구가 나 홀로 꿋꿋하게 버티고 있다면 튈 수밖에 없다. 색상이라는 물성이 그렇게 만든다. 또 안방에 가스레인지를 놓는 사람이 있을까? 한 공간에 모든 것을 두어야 하는 원룸조차 보이지 않는 벽으로 주방과 안방의 경계가 있어 침대 곁에 가스레인지를 두는 일은 없다. 용도라는 물성이 다르기 때문이다.

사람은 가장 먼저 '보이는 것'을 믿는다. 색과 모습이 먼저 보이고 그다음 용도가 무엇인지 알아차린다. 튀지 않으면서 주변 환경과 다른 가구나 소품들과 함께 조화를 이루는 것이 우선이다. 물성을 무시하면 결국 화장대 위에 가스레인지를 올려놓는 것과 다르지 않다. 이 불편함을 인내하고 살 수 있는 사람이 몇이나 되겠는가.

Before

침대 헤드가 창문을 가로막고 있다. 창문을 여닫고 커튼을 치는 일이 상당히 힘들다.

After

침대 헤드 방향을 바꿈으로써 창문으로 환한 햇살이 들어온다. 오히려 공간이 넓어졌으며 커튼을 치면 방 안이 아늑한 느낌이다.

용산의 한 대형 아파트를 방문했을 때, 거실에 놓인 TV와 TV 장식장이 어색한 모습으로 우리를 맞았다. 하얀 벽면 밑으로 월넛 색상의 짙은 갈색 원목이 포인트로 붙어 있는 집이었다. TV 장식장은 소재인 나무의 결이 살아 있는 것으로 자연 그대로의 색이라 벽면 하단의 월넛 색상과 잘 어울리지 않았다. 더욱이 같은 재질인데도 서로 다른 색이 상충하여 이질감이 컸다.

TV의 위치도 부적절했다. 포인트 벽면의 상단 라인과 TV의 하단 라인이 맞닿아 있었고 맞은편 소파에 앉아 시청 시 시선의 높낮이가 맞지 않았다. 안방으로 옮겨 침대에서 TV를 시청할 수 있도록 위치를 변경했다. 벽면의 도배지는 나뭇결을 모티브로 한 제품이었고, 바닥 또한 TV 장식장 색상과 비슷한 나무 마루였다.

이렇게 놓고 보니, 물성이라는 요소를 인정하지 않을 수 없다. 비슷하다는 것만으로 사물이 한데 어울려 조화를 이루니 홈스테이징이 정말 쉬워 보이지 않는가. 그런데 오묘하게도 물성이 비슷하거나 같아도 최악의 인테리어가 될 수 있다. 오히려 각각의 개성이나 특별함을 파묻히게 하는 독이 되기도 한다. 그래서 앞 장에서 말한 배려가 함께 적용되어야 한다.

반대로 물성이 다르지만 조화를 이룰 수도 있다. 이럴 때 필요한 것은 약간의 거리다. 만약 변경된 위치의 TV 장식장과 짙은 갈색의 고가구 화장대가 붙어 있었다면 어땠을지는 누구라도 상상할 수 있다. 같은 물성을 갖고 있다고 해서 반드시 붙여 놓아야 한다는 법칙은 어디에도 없다. 만약 거실에서 포인트 벽면과 떨어진 위치에 TV 장식장이 있었다면 또 다른 느낌을 주었을 것이다.

물성이 맞지 않아 '어색함'을 만들고 있는 곳은 거실의 소파도 마찬가지였다. 짙은 갈색 가죽 소파 곁에 연갈색 천 소파가 놓여 있었다. 재질도 달랐지만 어울리지 않는 색상 탓에 의뢰인 부부가 폐기처분 결정을 내렸다. 그러나 나의 생각은 달랐다.

홈스테이징의 장점은 가치를 잃은 가구나 소품에 생명력을 불어넣는 것에 있다. 우리는 천 소파를 학생방으로 옮겼다. 바닥, 침대, 책상과 함께 어우러졌고, 버리려던 것이 버릴 수 없는 가구로 재탄생됐다.

"친구들이 놀러 왔다가 쉬어 가는 명소가 되었어요."

싱글벙글 웃음 띤 얼굴로 즐거워하던 방주인의 모습은 홈스테이징 작업에 임했던 우리의 마음을 행복하게 했다. 이보다 더 감사한 기쁨과 보람이 있을까.

이처럼 조화를 꾀하는 홈스테이징에도 반전이라는 것이 존재한다. 물성이 달라 서로 어울리지 않았던 소품이나 가구들이 의외의 독특함을 구사하고 자신을 뽐내는 경우다. 물론 홈스테이징 불변의 법칙 중 '여백'이 필요한 경우가 대부분이다. 아직은 전문가의 시선과 아이디어가 필요한 경우가 있지만 누구나 할 수 있을 만큼 어렵지 않다.

불가능하다고 생각하는 순간, 그것을 극복하려는 의지와 함께 할 수 있다는 마음을 가지면 된다. 홈스테이징 불변의 법칙을 기본적으로 이해하고 각각의 인테리어 소품과 가구가 가진 가치를 살려 줄 위치를 찾아야 한다. 그것을 보는 눈과 느낄 수 있는 마음이 홈스테이징을 가능하게 하는 힘이다. 버릴 것은 '가치를 잃은 가구'가 아니라 '할 수 없다'는 부정적인 마음이다.

After

거실에 있던 TV와 수납장을 안방으로 옮겼다.

06

신념

신념이 돋보이되 어울리게 하라

홈스테이징에서 신념이란 나의 것이 아닌 의뢰인의 것이 우선되어야 한다. 의뢰인의 신념이 내가 가진 신념과 동일 선상에 있다면 문제가 되지 않지만 종종 인테리어의 기본 법칙을 무시하는 개인의 신념 탓에 곤란해질 때가 있다. 그렇다고 함부로 무시할 수는 없다. 그것이 설령 어느 무속인의 "침대는 항상 머리를 북쪽으로 두어야 한다"는 지침일지라도 말이다.

사람에게 신념이 없다면 살아갈 의욕이나 희망이 없다는 것과 다르지 않다. 신념은 삶을 함부로 살아가게 하는 것을 막아 주고 가치와 의미를 담은 인생을 살도록 만들어 준다. 어쩌면 버팀목과 같은 것이다. 혼자 힘으로 살아가기 버거운 세상에서 나를 받쳐 주고 쓰러지지 않도록 지지해 주기도 한다. 의뢰인의 집을 방문하면 반드시 보게 되는 것이 그들의 신념이다. 종교관을 반영한 각종 소품, 벽면을 장식한 달마대사의 얼굴, 거실 소파 탁자 위에 놓인 기부금 영수증, 혹은 어쩌다 우연히 만나는 '경제적 성공을 위해 특정 가구나 소품의 위치를 고수하는 의뢰인'까지 모두 개인의 신념을 반영한 단면이다.
때때로 그것들은 개인의 가치관을 고집스럽게 대변하기도 한다. 그것이 옳은 것이건 아니건 감히 간섭하고 평가할 이유는 없다. 말 그대로 개인의 취향이자 신념이니 위법만 아니라면 나의 기준을 들이대어 고집할 수는 없다. 물론 더 나은 홈스테이징을 위해 그들을 설득하려고 시도는 하겠지만 함부로 꺾으려 들 수는 없다.

경기도 남양주에 있는 부영아파트를 직원들과 함께 찾았을 때다. 우리 모두 어렵지 않게 '어색한 점'을 발견했다. 현관을 들어서자 시커먼 바닥 타일이 제일 먼저 눈에 띄었다. 거실은 아무렇게나 놓인 의자와 소파, 책상이 벽 쪽으로 붙어 있었고 책들도 세로가 아닌 가로로 높이 쌓여 있었다.
안방에는 부부의 침대가 각각 두 개 놓여 있었다. 나이 든 중년 부부가 따로 혹은 함께 편안한 숙면을 취할 수 있는 방이라야 바람직하다. 두 개 침대의 발치 쪽에는 오디오 수납장에 그들의 종교인 가톨릭 성물들이 성서와 함께 놓여 있었으며, 바로 위쪽 벽에는 성스러운 십자가가 아래를 내려다보고 있었다. 특별히 어색하지는 않았지만 뭔가 아쉽고 부족한 마음이 들어 시선을 돌리기 어려웠다.
종교적 신념과 상관없어 보이는 주방도 우리의 눈에는 '어색한 점'이 많았다. 정리 정돈이 되지 않은 탓도 있다. 그러나 값비싼 소품인데도 서로 어울리지 못하고 사람의 마음까지 어수선하게 했다.
그러나 우리는 수많은 '어색한 점' 속에서도 이구동성으로 동의하고 공감하는 것이 있다. 그것은 의뢰인 가족이 갖고 있는 신념, 종교관이었다.

비록 '어색한 점'의 해결이 필요했지만 신념을 갖고 올곧게 살고 있는 그들의 마음만은 누구나 동의할 수 있었다. 당연히 홈스테이징에도 이런 신념이 반영되어야 한다. 필요한 것은 각각의 소품이 빛을 잃지 않고 반짝일 수 있는 위치를 찾는 것이다.

다만 작은방에 놓여 있던 고가의 병풍은 창을 가린 채 침대의 머리맡을 차지하고 있어 거두었다. 어느 집이건 창을 가리는 것은 치우는 것이 좋다. 더욱이 환기를 위해 종종 창을 열어야 하건만, 그럴 수 없도록 펼쳐져 창을 가린 병풍은 채광마저 방해해 말 그대로 '어둠'의 원인이었다.

병풍을 걷고 침대의 방향을 돌려 창을 가리지 않게 했다. 눈부시게 밝은 햇살이 안개꽃 무늬로 수놓인 커튼을 비집고 쏟아져 들어왔다. 이렇게 밝은 빛만큼 희망적인 것이 또 있을까. 정체성을 잃은 듯 보였던 침대 옆 스탠드 등도 제 가치를 찾았다.

수납공간이 없어 옷이 쌓여 있던 창가의 선반은 과감하게 치우고, 그 대신 장롱의 크기를 늘렸다. 늘린 부분은 문짝을 거울로 덧대어 방 안이 더욱 밝아지고 크게 보이는 효과까지 얻을 수 있었다.

침대 옆 고가구 서랍장 위에는 성모마리아와 예수님 그림들이 있었는데 배치가 나쁘지 않아 그대로 두었다. 오히려 방을 어둡게 했던 병풍이 사라지자 따뜻한 햇살을 받으며 더욱 성스럽게 보였다.

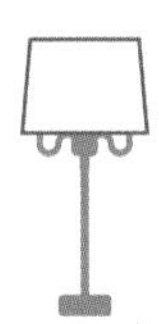

홈스테이징의 마법으로 근사하고 안락하게 변신한 집은 사람의 몸과 마음을 편안하게 한다. 종교적 신념에 맞게 올바른 삶을 살고 있던 의뢰인 가족들이 크게 감동하던 모습도 잊히지 않는다. 홈스테이징을 위해 새로 구입한 것은 없었다. 모두 집 안을 채우고 있던 기존 가구와 소품의 위치를 바꾸었을 뿐이다. 그래서 그들의 감동이 더 배가되지 않았을까.

현관 아트월 아래 색감이 비슷한 탁자와 대형 가족 사진이 안정감 있는 작은 사진과 아트월의 색감과 비슷한 고가구로 교체됐다. 주황색 액자는 주방 식탁 위에 있던 것들이다. 바닥에는 가급적 복잡한 소품을 놓지 않는 것이 좋으므로 홈스테이징 시 바닥 소품들은 다른 곳으로 옮겼다.

'어색한 점'의 이유는 어울리지 않아서다. 모든 소품은 어울리지 않아서 집 안을 어색하게 보이게 하고, 정리되지 않은 인상을 준다. 물성이 서로 비슷하다고 해도 그것의 무늬나 패턴이 복잡하다면 떨어뜨려 놓는 것이 낫다. 작은 테이블 위에 지나치게 큰 액자가 걸려 있는 모습은 상당히 불안정해 보인다.
주방 식탁에 바짝 붙어 다른 소품들과 함께 정신을 산만하게 했던 금색 장식장은 따로 떼어 독립성을 갖게 했다.
그 자체만으로도 눈부신 데다 황금빛이라 식탁 색깔과 조화롭지 않아 떨어뜨려 놓는 것이 훨씬 더 서로를 돋보이게 했다. 또한 장롱이나 장식장 위에 물건을 쟁여 놓는 것은 올바르지 않은 선택이다. 정리되지 않았다는 느낌을 주는 100퍼센트 확실한 이유다. 치우는 것만으로도 복잡함을 버리고 깔끔할 수 있다.
이처럼 제 위치를 찾은 소품과 가구는 잃었던 제 가치를 찾았다. 가족의 신념도 더욱 확실하게 다가왔다. 홈스테이징 불변의 법칙으로 왜 신념을 꼽을 수 있는지 이유를 알 수 있는 결과였다.

반면에 의뢰인의 신념이 홈스테이징을 가로막는 경우도 있다. OOO의 집에 있던 달마대사 그림은 웃어른의 반대가 심해 옮기는 데 애를 먹었다. 이 경우는 다행히 설득을 시도한 후 가장 좋은 위치로 변경할 수 있었다.

또 다른 의뢰인은 침대의 위치가 우스꽝스러웠지만 타협이 불가능해 위치 변경을 포기하기도 했다. 안방 한복판에 꿔다 놓은 빗자루처럼 보였던 침대는 그 나름대로의 이유가 분명했다.

> *"침대를 반드시 이렇게 놓아야 한다고 했습니다. 그래야 내가 하는 사업이 성공한다고 했는데 실제로 그랬지요. 그래서 누가 뭐래도 침대 위치는 바꾸고 싶지 않습니다."*

물론이다. 이러한 신념은 설득을 시도하면 나 또한 곤란해진다. 만약 어떤 불가피한 이유로 그의 사업이 휘청거린다면 할 말이 없어진다. 그래서 이런 고객의 신념은 그냥 지켜 주는 것이 낫다. 이 사례에선 침대를 움직이는 대신 다른 소품과 가구의 위치를 변경하여 어색하고 불편했던 점을 일부 덜어 주는 선에서 마무리했다.

07

인테리어 소품

인테리어 소품의 흐름을 보라

홈스테이징에 대한 대중의 관심으로 방송 출연이 잦아지면서 고객 문의도 점점 늘어났다. 구조 개선까지 하는 인테리어 공사와 달리 저렴한 비용으로 부담이 적고 만족도는 높다는 장점 덕분이었다. 특히 봄과 가을의 이사철이 되면 더 많은 고객이 상담을 요청한다.

어느 해 3월, 봄을 맞이하여 집 분위기를 화사하게 바꾸고 싶어 하는 고객이 문의를 해 왔다. 상담을 위한 방문에서 가구를 좋아하는 고객의 취향을 알아차렸다. 집안 곳곳에 자리한 고급 가구들이 눈에 띄었다. 그러나 너무 많은 탓에 가구들이 제자리를 찾지 못하고 겉돌고 있었다. 고객의 취미인 듯 거실의 TV장 앞은 레일 퍼팅 매트가 가로막고 있었다. 다른 가족의 TV 시청을 배려하지 않은 배치였다.

TV 장식장 위에도 상이한 느낌의 소품들이 함께 놓여 있었다. 달 항아리와 조각상도 있었고 셋톱박스나 인터넷 공유기 등 TV 관련 제품도 보였다. 집 안을 장식하는 장식용품들은 대부분 앤티크한 느낌이다. 한눈에

봐도 너무 어수선해 홈스테이징 전문가가 아니더라도 정리가 필요하다는 것을 알 수 있다.

최적의 홈스테이징은 모든 가구와 소품의 흐름을 제대로 읽어야 가능하다. 홈스테이징 불변의 법칙에서 말한 '물성'이 반영된다. 특히 소품들은 재질과 높이, 크기 등을 고려하여 마땅한 자리를 찾아 주어야 제 몫을 하게 된다.
물론 같은 크기라고 한데 모아 두어야 한다는 법은 없다. 물성 중에 재질이 같다면 높이나 크기는 맞추지 않더라도 조화를 이룰 수 있다. 오히려 크기가 비슷해도 높이가 조금씩 차이가 날 때 자연스러운 흐름이 이어진다. 다만 크기 차이가 확연하게 나는 소품 옆에 작은 소품을 두는 것은 어색할 수도 있다. 그러나 소품의 성격, 이를테면 다기 세트의 주전자 옆에 같은 재질과 용도의 찻잔이 놓인다면 크기가 달라도 적절하게 어울린다. 홈스테이징 후, 실제로 의뢰인의 올망졸망한 다기세트와 항아리들이 오래된 나무뿌리 테이블 위에서 재미있는 옛이야기라도 들려줄 것처럼 보였다. 클래식한 고가구 수납장 위에 놓인 달 항아리는 백자 특유의 온화하고 부드러운 곡선이 좋았다. 꾸밈이 없지만 은은하게 밤하늘을 비춰주는 보름달처럼 집을 빛나게 하지 않던가.

이런 자연 친화적인 소품들을 소유한 고객은 어떤 사람일까 궁금했었다. 작업을 거치며 집주인을 마음으로 느껴 보니 알 수 있었다. 그의 가치관이나 마음가짐은 자연을 닮아 넉넉하고 따뜻하며 온화했다. 사람은 자신의 눈높이대로 물건을 선택하기에 배치된 가구와 소품을 보면 소유자의 신념과 가치관을 어느 정도 읽어낼 수 있다.

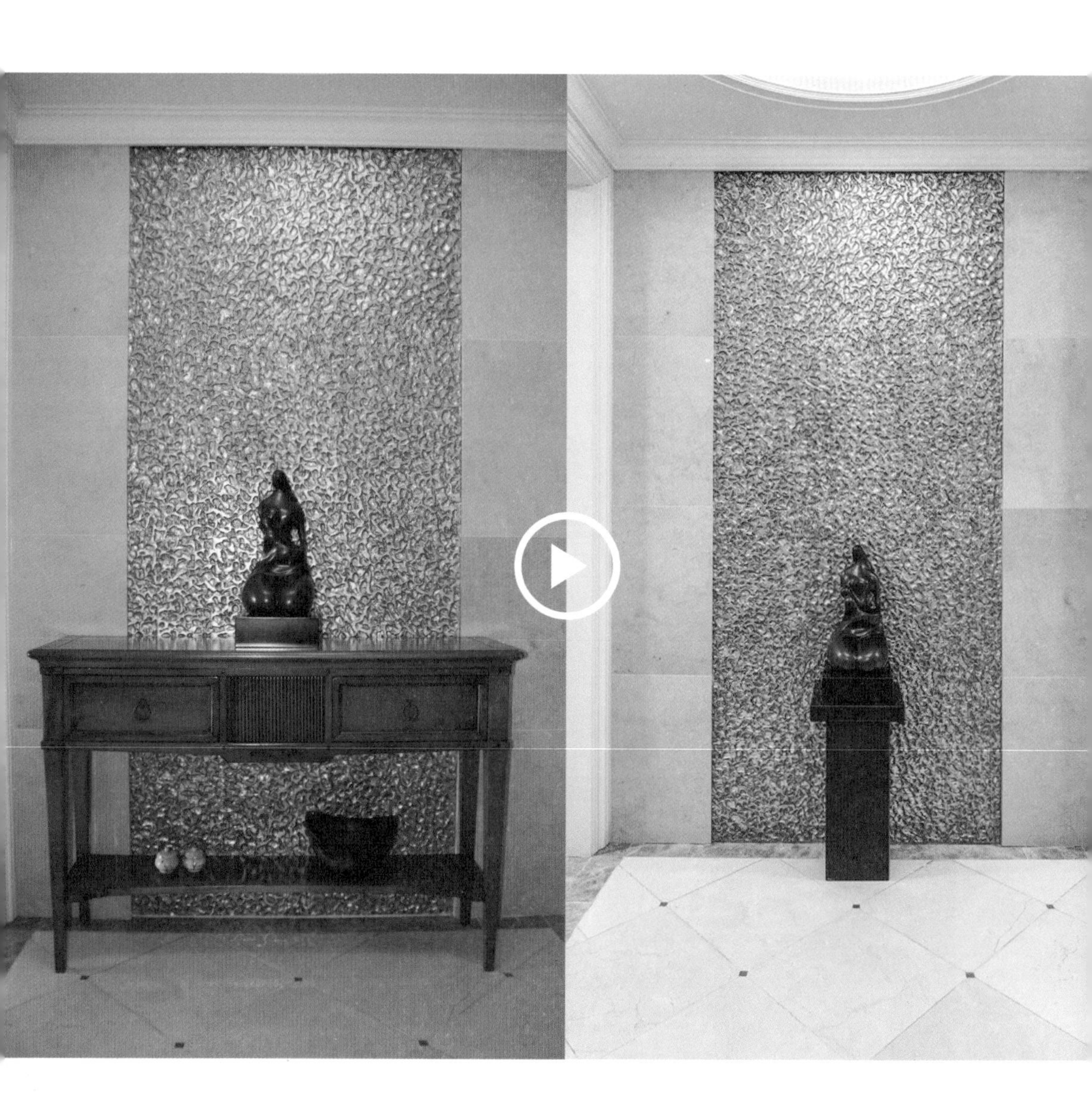

산만하고 꽉 차 있었던 TV 장식장이 여백을 되찾았다. 접근 금지선처럼 TV 앞을 가로막았던 레일 퍼팅 매트도 베란다 유리문 앞으로 옮겨 제자리를 찾았다. 달 항아리를 비롯한 소품들이 사라지자 조각 작품들도 더 빛이 나고 더 가치 있게 보였다. 아름다움이 더욱 값어치 있게 보이려면 서로를 가리는 빛이 아니어야 함을 다시 한번 확인할 수 있었다.

이처럼 홈스테이징은 공간을 재구성하고 오래된 가구를 되살리는 것은 물론 소품들의 잊힌 가치를 되찾는 일이다. 인테리어를 구성하고 있는 소품들의 흐름을 제대로 읽지 못하면 불편함을 야기하는 어색한 점을 재빠르게 찾아내기 힘들다. 물성을 한눈에 파악하여 해결점을 찾아 보완해야 한다.

08

비움

인테리어에서 욕심을 버리라

사람들은 내 집을 누구나 부러워할 만한 곳으로 만들기 위해서라면 형편이 허락하는 이상 마음에 드는 고가의 가구나 인테리어 소품을 구입하는 데 망설이지 않는다. 그때마다 사람들은 꿈을 꾼다. 이렇게 들여놓은 가구나 소품이 내 집을 완벽하게 만드는 데 도움이 될 것이라는 환상에 빠진다.

어느 정도는 맞고 또 틀리기도 하다. 곰곰 생각해 보면 이것이 오히려 인테리어에서 '어색한 점'을 만드는 원흉이기도 하다. 처음 한두 번은 우연히 발견한 멋진 가구나 소품으로 그럴듯한 인테리어를 완성할지도 모른다. 그런데 욕심이 한두 번으로 끝이 나던가. 집에 어울릴 것이라 여기고 이것저것 욕심을 내다 보면 집은 점차 조화를 잃고 불편해진다.

비단 가구나 소품에서 그치지 않는다. 이 집에 사람이 살고 있는 것인지, 아니면 물건들이 살고 있는 것인지 의심하게 되는 상황을 자주 맞이하게 된다. 옷장을 채우고도 넘쳐나는 옷가지들은 이미 입지 않은 지 몇 년이지만 애써 외면하며 '유행은 돌고 돈다'는 핑계를 댄다. 창고부터 베란다까지 채우고 있는 오래된 물건들은 또 어떤가. 이런 것이 있는지 잊고 있

었다는 변명은 이제 너무 궁색하지 않은가.

홈스테이징을 하기 위해 서울 외곽 모처의 주택을 찾아갔다가 두 번 놀랐다. 주변의 경치가 아름다워 놀랐고, 직접 지었다는 주택의 내부 사정에 또 놀랐다. 내 눈을 몇 번이나 꿈쩍이며 본 것을 확인하고 또 확인했다. 화려하다 못해 요란했고, 집도 소품도 가구도 산만해서 어지러웠다.

이것은 정리 정돈과는 또 다른 문제다. 정리 정돈은 집 안에 쌓여 있는 물건들을 최적의 공간에 차곡차곡 정리하고 불필요한 물건들은 나눔이나 버리기 혹은 재활용할 수 있는 것을 말한다. 이를테면 자녀의 연령이 지난 책이나 몸에 맞지 않는 옷 등 소모품인 경우가 많다.

인테리어에서 지나친 욕심이란 손가락마다 주먹만 한 다이아몬드 반지를 끼는 것과 같다. 내 눈을 의심하게 만들었던 고객의 주택은 소품이나 가구의 값어치를 떠나 집 안을 채우고 있는 모양새가 그랬다. 공간과 공간을 연결하는 선마다 직선이 아닌 곡선으로 구성되어 있는데, 그 찬란함만으로도 부족했는지 면을 채우고 있는 벽들은 각각 다른 요란한 무늬의 다양한 컬러의 도배지가 차지했다. 심지어 침실 벽의 도배지는 벽마다 다른 것을 사용해 대단히 산만한 그런 방에서는 도저히 숙면을 취할 수 없을 것 같았다.

의뢰인 부부는 가구, 가전, 인테리어 소품이나 장식품, 수집품 등… 좋은 것을 들여오고 미관상 예쁜 것을 골랐다고 한다. 방마다 선반이나 수납장이 있었는데 사람의 편의가 아닌, 모두 소품들을 쌓아 두기 위한 것들이었다.

당연히 그래야 한다고 법에라도 명시되어 있는 걸까? 사람들은 가구나 장식품을 모두 벽에 붙이는 것을 좋아한다. 이 주택의 많은 가구나 소품

도 모두 벽에 붙어 한데 모여 있었다. 그렇다고 공간의 중심이 비워진 것도 아니다. 거대하고 웅장한 테이블들이 서로 자신이 최고인 듯 뽐내며 있는데, 그 위에는 또 신문이나 책, 작은 화분들이 아우성이다. 사람이 살자고 지은 집에 물건들이 가득 차 주인이 뒤바뀐 듯한 모습은 늘 안타깝다.
문득 모 방송사의 다큐 프로그램이 생각났다. 버리고 비움으로써 창고 같았던 집들을 집다운 집으로 되살리는 데 성공했다. 일본에서도 이런 생각의 전환, 삶의 변화가 일어나 유행처럼 빠르게 번지고 있다.
이른바 미니멀 라이프로, 집을 채우는 것이 아니라 비워서 삶의 여유와 의기를 되찾기 위해 일상생활에 필요한 최소한의 가구와 물건만을 두고 생활하는 것을 말한다. 그러려면 욕심과 지나친 과시욕을 버려야 한다.

좁은 집에 무언가를 놓을 수 없는 상황에서는 때때로 벽이 훌륭한 선택이 될 수 있다. 시공이 건축법상 가능해야겠지만, 아무것도 놓을 수 없을 것 같은 벽을 파고 소형 가전이나 가구를 주방의 빌트인 제품처럼 넣을 수 있다. 공간을 차지하지 않도록 끼워 넣는 방법이라 크게 돌출되지 않는다.

오피스텔이나 주택, 아파트가 복층인 경우 계단 밑이나 비스듬히 기울어진 천장이 답이 된다. 아무것도 놓지 못할 것만 같은 공간에 결국 무엇인가 기대어 쌓아 두는 것만큼 보기 흉한 것은 없다. 사진처럼 사이즈에 맞는 붙박이장을 맞추어 설치한다면 아예 수납공간으로 활용할 수 있다. 계단과 바닥의 가장 낮은 부분에 상판을 제작하여 올려도 된다. 너무 낮아 아무것도 놓지 못할 공간도 살릴 수 있다.

유리 선반이 네 개였던 장식장에 네 개의 선반을 추가했다. 장식장 높이에 여유가 있다면 이렇게 선반을 추가하여 수집품이나 소품을 더 많이 수납할 수 있는 공간을 만들 수 있다. 만약 선반을

추가한다면 진열할 소품들의 크기도 고려해야 한다. 사진에서 보듯이 장식된 수석들의 높이가 낮아 두 배로 공간을 활용했음에도 답답해 보이지 않고 여유가 있다.

이 외에도 앞서 홈스테이징 불변의 법칙에서 말한 바 있듯이 포인트가 되는 화려한 가구들이 여러 개 붙어 있어 난감해진 상황이다. 이런 경우에는 독립성을 살려 각각 다른 위치에 따로 놓는 것이 바람직하다. 독립성을 살리면 어떤 가구나 소품이건 주목을 받게 된다. 시선의 분산 없이 온전히 관심을 독차지하는 것이다. 물론 지나치게 과욕을 부리거나 과시하지 않으려는 마음이 전제되어야 한다. 집이 박물관이 되거나 창고가 되는 상황은 마음을 비워야만 막을 수 있다.

in

Home Staging

Part 3 구조 개선

홈스테이징

01

최고급 호텔처럼

중형 아파트에서 소형 아파트로 옮겼지만 최고급 호텔처럼

주부에게 가장 우울한 이사는 어떤 경우일까? 짐작해 보건대 자의건 타의건 넓은 아파트에서 살다 좁은 아파트로 이사 가야 할 때일 것이다. 이사가 늘 '넓고 좋은 지역'으로 가는 것을 원칙으로 하고 있다면 불가피한 사정으로 해야 하는, 좁고 불편한 곳으로의 이사는 얼마나 우울할까. 다행히 B 주부의 경우는 타지의 넓은 아파트에 살다가 좁지만 서울에 사둔 작은 아파트로 오게 된 경우였다. 실제 집값으로 치면 서울의 아파트가 고가였다. 그러나 평생을 살아야 할 집의 규모가 작아졌으니 45평 살림들이 창고에 갇힌 인상을 주었다. 심지어 여행에서 돌아올 때마다 수집해 온 와인들이 두 대의 와인셀러를 채우고도 남았고, 각종 소품은 있을 곳을 찾지 못해 방치된 상태였다.

홈스테이징의 마법이 간절했다. 공간을 차지하는 가구들은 종종 벽 속에 숨는 마법이 발휘된다. 두 대의 와인셀러를 벽 안에 넣어 냉장뿐만 아니

라 장식장의 기능 또한 톡톡하게 해낼 수 있었다. 와인 수집이 취미인 부부가 무척 기뻐하며 감동했던 부분이다.

주방만큼은 주부에게 가장 행복하고 편안한 공간이 되어야 한다. 작은 아파트로 이사하게 된 주부를 위한 주방은 붉은색 냉장고가 포인트가 됐다. 식당의 자투리 벽은 많은 장식을 수납할 수 있도록 전시 공간을 만들었다. 부부의 침실은 베란다를 확장하지 않아 지나치게 어두웠다. 조도를 높이기 위해 고정창을 만들자 넓어 보이는 효과가 있었다. 놓을 자리가 없어 작은방에서 방치되어 있던 안마 의자를 가져오자 "안마를 즐기다 편안히 잠이 들더라"는 의뢰인 부부의 기쁨에 찬 후기가 들려왔다.

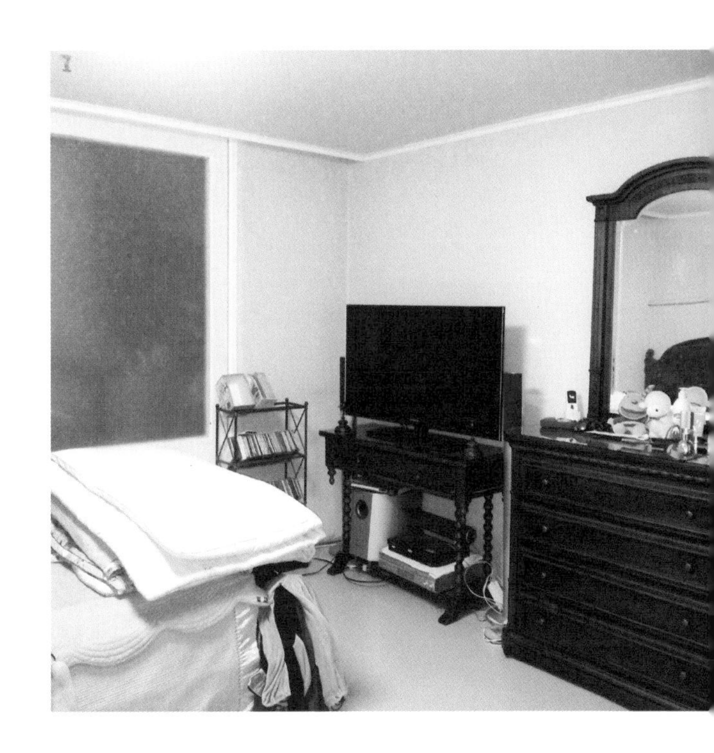

큰아들의 꿈은 판사였다. 그 꿈을 위해 정진하는 아이의 모습은 매우 진지했고 아이의 모습을 보고 있자니 뭔가 힘을 실어 주고 싶어 고심을

거듭했다. 기존의 공부방은 정리되지 못한 물건들과 부적합한 가구의 위치로 복잡했다.
우선, 안방에서 소화하기 힘들었던 붙박이장 네 개를 수정하여 맞춤 가구로 재활용했다.
드넓은 하늘에서 마음껏 나래를 펴라는 뜻으로 하늘색 벽지를 사용했다. 아이는 침대와 책상 세트 등 필수 가구를 모두 갖춘 자신의 방이 '별 다섯 개 호텔' 같다며 기뻐을 감추지 못했다.
작은아들의 방에는 독특한 맞춤가구가 들어갔다. 침대 머리맡의 수납장

은 침대와 벽의 자투리 공간을 사이즈 맞춤하여 제작했다. 특히 책상보다 조금 폭이 좁게 만들어진 책장의 디테일이 세심하다. 책상을 벽에 붙여도 창문의 커튼에 지장이 없다. 책장과 벽 사이에 생긴 틈은 작은아들만의 비밀 공간이 되지 않을까?

우리의 삶은 롤러코스터 같다. 매 순간 나쁜 일 없이 항상 좋을 수는 없다. 이사는 집 크기를 늘려서 가는 것이 정석이라고 해도 상황이 여의치 않은 순간이 등장한다.

집이 좁아졌다고 너무 우울해할 필요는 없다. 현명하게 대처하면 소형 아파트에 중형 아파트의 살림들이 물처럼 스며들어 새로운 공간으로 가치를 뽐낼 수 있다. 이를 위한 최선의 방법이 바로 홈스테이징과 인테리어다.

02

아내를 위한 집

사랑하는 아내를 위한 집

바로 지금 당신이 행복하다면 그것은 누구의 공일까. 행복은 나와 함께하는 가족 구성원 모두가 느끼는 만족감이다. 그들 중 누구 혼자만 느낄 수 있는 감정이 결코 아니다. 그렇기에 가족 구성원의 행복이 만들어질 때 가장 큰 역할을 하는 것은 아내가 아닐까. 사실 아내가 행복의 직접 원인일 수도 있고 그렇지 않을 수도 있지만, 아내이자 엄마인 한 사람이 '행복한 당신'을 만드는 가장 큰 조력자임은 분명하다.

"내 아내가 편안한 동선이었으면 좋겠습니다.
아내에게 어울리는 인테리어를 원해요."

교장 선생님인 등촌동 고객의 유일한 주문은 이랬다. 이렇게 확실한 주문이 또 있을까. 아내에 대한 사랑이 넘쳤던 그분의 주문에 우리 또한 모두 자극되어 힘이 났다.

우리는 모든 의뢰인의 집 현관에서부터 '어색한 점'을 느끼기 시작한다. 그 집의 첫 번째 관문이 바로 현관이기 때문이다. 이 집 또한 다르지 않았는데, 긴 복도형에 중문까지 있어 답답해 보이는 기본 구조의 현관이었다.

답답함을 유발하는 중문을 과감히 없앴다. 간접 조명을 주고, 교장 선생님이 직접 수집한 수석과 액자를 배치하니 갤러리 느낌의 현관으로 재탄생됐다. 어두운 월넛 색상의 문들도 흰색 혹은 밝은 갈색으로 바꾸었다.

취미 활동도 제자에게 향한 애정만큼 열정적으로 해내셨던 분이었다. 넓은 집을 가득 채우고 있는 수석과 그림 액자 등은 그가 갖고 있는 가치관과 신념을 잘 드러내 주었다. 하지만 대체로 장년층이 갖고 있는 취미로, 자칫 고지식한 분위기로 흐르는 위험성을 안고 있다. 이 고객 또한 다르지 않았다.
소파의 위치를 바꾸었다. 원래 갖고 있던 소파인데도 위치를 바꾼 것만으로 식당과 정원까지 넓어 보이는 거실로 변신했다. 답답하기 그지없던 고지식한 분위기는 오히려 클래식하고 지적인 이미지의 집주인을 연상케 한다.

주방은 사랑하는 아내의 공간이다. 누구인들 아내가 벽에 갇힌 느낌을 갖게 하고 싶을까. 프렌치 창을 뚫어 거실과 주방이 소통되게 했다. 상이한 높이와 크기의 수석들이 차지하여 마치 깔려 있는 느낌이었던 거실은 프렌치 창을 통해 공기의 순환을 도와 자연공간에 머무르는 듯한 기분을 자아낸다. 또한 수석들은 수석만을 위한 가구에 배치하여 그 자체만으로 빛을 낼 수 있게 했다.

집 안에 자연을 들여와 내 것으로 만들고 싶은 욕구는 누구에게나 있다. 똑같은 회색 콘크리트 상자 같은 아파트에 살고 있어도 화분에 담긴 초록 식물들을 포기하지 않는 이유이기도 하다. 마치 비밀의 화원을 집 안에 숨겨 놓은 듯, 이 집의 정원은 보는 이로 하여금 부러움의 대상이 된다.

작은 정원은 거실에서도, 주방에서도 바라볼 수 있다. 따뜻한 마음을 가진 이들에게 더 큰 마음의 온기를 마음껏 품을 수 있게 한다. 아울러 지친 영혼을 쉬게 할 수 있는 자연의 치유력을 매 순간 놓치지 않게 할 공간이다.

홈스테이징 이전의 식당은 창가에 빼곡하게 올려놓은 도자기들 때문에 매우 불안하고 답답해 보였다. 식탁의 위치를 바꾸고 도자기 수납장을 대칭시켜 안정된 분위기를 연출했다. 전망이 아름답고 분위기가 편안한 곳으로 변신한 새 주방은 안주인의 마음을 매료했다.

작업이 완료된 후, 베란다 정원을 바라보며 식사하던 모두가 저마다 어릴 적 시골집 툇마루의 추억을 떠올렸다. 세상에서 가장 맛있었던 할머니의 밥상을 떠올릴 수 있었던 툇마루였다. 이 집은 현관부터 집 안 구석구석이 우리를 아련한 추억으로 이끈다. 고향의 푸른 언덕과 바람이 넘나들던 창, 세상에서 가장 다정했던 할머니에 대한 기억 등 … 의뢰인의 아내에 대한 배려가 우리를 그렇게 만들었다. 이 집은 들어오는 모든 이, 돌아서는 모든 이가 따스함을 품에 안게 한다.

03

변신은 유죄

20평 빌라의 변신은 유죄

세상이 달라져서 20평인 집은 거주하기에 작다고들 말한다. 그런데 과연 집이 얼마나 크면 사람들은 만족할까? 내가 만난 대부분의 사람들은 평수와 상관없이 자신이 사는 집이 좁다고 말한다. 집의 크고 작음이란 마음의 크기에서 비롯되는 것은 아닐까? 어떤 크기의 집에 살건, 사람들은 홈스테이징 후 이구동성으로 말한다.

"우리 집이 아닌 것 같아요. 정말 커졌어요!"

설마 집이 풍선처럼 늘었다 줄었다 했을까. 공간을 활용하는 방법을 터득하면 작고 좁았던 집이 갖는 공간의 가치가 새롭게 태어난다. 사람의 마음이 감동받게 되니 20평 집의 변신은 분명 유죄가 맞다. 사람의 마음을 홀렸으니 말이다.

여건상 20평 빌라에 살아야 했던 의뢰인의 집은 우리가 흔히 볼 수 있는 소시민의 평범한 모습이었다. 작은 집에 오밀조밀 살림살이들이 자리 잡았고, 불편했지만 그 안에서 제 나름의 행복을 느끼며 지냈다. 그러다 방

송을 통해 홈스테이징을 알게 되어 빌라의 변신을 꿈꾸게 된 것이다. 마법이 또 한 번 통할 수 있을까? 우리는 의기투합하여 홈스테이징과 인테리어 마법을 부려 보기로 했다.

집을 어둡게 하고 좁아 보이게 하는 붉은색 나무 벽과 짙은 원목 마루부터 마법을 부려야 할 대상이 됐다. 거실의 등박스와 원목 마루가 어두운 색이라 집이 더 좁아 보이고 답답했다. 바닥을 밝은색으로 바꾸고 등박스를 없앤 후 모든 벽면을 하얀색으로 마감했다. 당초 기대했던 것보다 더 집이 밝아졌다. TV는 벽에 부착했고, 공간을 차지하던 TV 장식장이 사라지는 대신 셋톱박스 같은 관련 기기나 리모컨을 둘 선반이 부착됐다. 자녀들이 있는 집의 특징인 거실 책장은 자녀가 사용하는 작은방으로 옮겨졌다.

이 가족은 그간 주방이 작아 식탁을 사용하지 않았다. 거실에서 주방을 바라보면 옆면이 보이는 냉장고는 아이의 미술 작품들과 메모지 등이 어수선하게 붙어 있다. 옆에는 책장에 채워지지 못한 남은 교재나 책을 수납하

는 책꽂이도 보였다. 이런 상황을 개선할 수 있는 방법으로 아일랜드 식탁 설치를 제안했다. 어두운 주방을 밝힐 수 있도록 낡은 전등 대신 새로운 등과 간접등을 달았다. 냉장고는 싱크대와 나란히 놓았다. 그러나 아일랜드 식탁이 생기면서 공간의 효율성은 훨씬 높아졌다. 또한 현관 입구 쪽 벽에는 프렌치 창을 두었다. 방문객을 확인할 때 용이하지만 주방에서 일하는 아내를 위한 배려다.

거실을 차지하고 있던 책장은 자녀의 방으로 옮겨 왔다. 밝은색 벽지와 깨끗한 붙박이장으로 어두웠던 분위기가 한층 환해졌고, 공부에 집중할 수 있는 안정감 높은 방이 됐다.
홈스테이징과 함께 인테리어 작업을 병행하기로 한 의뢰인도 크게 놀라던 안방의 모습이다. 절대적으로 부족했던 수납공간을 효과적으로 늘리기 위해 창 밑으로 벤치수납장을 만들어 넣었다. 화장대는 예전부터 사용하던 가구였는데, 장롱과 붙어 있지 않고 침대와 마주 보게 하여 독립성을 살렸다. 그 덕분에 색상이 달라 이질감이 느껴질 수 있는데도 포인트 가구가 되는 효과적인 연출이 가능했다.

집의 크고 작음이 그 안에서 느끼는 행복의 가치를 결정하지 않는다. 또한 행복의 크기와 반드시 비례하지 않는다. 집의 물리적인 크기와 상관없이 공간을 어떻게 사용하느냐에 따라 넓게 쓸 수도, 좁게 쓸 수도 있다. 홈스테이징은 같은 집도 '넓게' 쓰게 하는 마법의 스타일링이다. 크기에 상관없이 더욱 넓게 활용할 수 있도록 가치를 재탄생시키는 비결이기도 하다.

04

폼 나는 복층으로 만들기

내 집
폼 나는 복층으로
만들기

어느 유명한 미국 드라마에서 나온 낯익은 장면이다. 졸업을 앞두고 프롬파티에 참석하는 남학생이 파트너인 여학생을 데리러 온다. 초인종 소리가 들리자 여학생의 엄마가 현관을 열어 방문자를 확인한다. 쑥스러운 듯 남학생이 인사하고, 여학생이 2층에서부터 계단을 따라 천천히 내려온다. 남학생의 눈에서는 하트가 쏟아지고 드레스와 화관을 쓴 여학생은 눈이 부시게 아름답다.

대한민국의 백배나 큰 땅덩이리에 살고 있는 미국에서는 위의 영화 장면처럼 복층 구조의 집이 상당히 흔하다. 아이러니하게도 미국과는 달리 좁은 땅덩어리에 사는 대한민국에서는 집을 넓게 써야 할 필요가 있음에도 복층 구조를 찾아보기 힘들다. 게다가 무슨 이유에서인지 복층 구조의 집을 소유한 사람은 부자라는 인식이 강하다. 그런데 또 그것이 기정사실처럼 상류층만 복층 집을 소유하는 경향이 있기도 했다.

하지만 다행히 다시 복층 구조가 재조명되고 있다. 복층 오피스텔이 유행하기 시작했고, 일부 아파트에서는 최고층을 복층으로 만들기도 한다. 또한 단독주택도 복층으로 시공되고 있다. 어쩌면 이미 우리나라에서도 2층 계단을 우아하게 내려오는 어여쁜 딸을 위해, 꽃을 들고 찾아온 청년에게 현관문을 열어 줄 시대가 왔는지도 모른다.

"대표님! 대표님!"

고객과의 상담차 방문 미팅을 나갔던 O 실장이었다. 다급한 그의 목소리에 무슨 사고라도 생겼나 싶어 깜짝 놀랐다.

"천장 높이가 대단해요!
복층을 만들면 정말 환상적일 것 같아요!"

아파트 구조 변경 절차

- 구조 변경 예정인 부분의 벽체가 철거 가능한 비내력벽 부분인지 도면을 확인한다. 해당 정보는 관리사무소나 구청의 부동산정보과에서 확인할 수 있다.
- 비내력벽 철거인 경우 허가 신청에 필요한 서류를 지급받아 해당 동의 입주민 2/3 이상의 동의를 얻어 관리사무소 및 구청에 허가 신청을 한다.
- 허가 처리가 완료되면 구청에 면허세를 납부하고 허가증을 찾는다.
- 예정된 공사가 완료되면 시공자의 공사확인서를 첨부하여 관리사무소에 제출하고 사용검사를 받는다. 사용검사필증을 교부받으면 입주 및 사용이 가능하다. 단, 불법공사의 경우 원상복구의 책임을 진다.

구비 서류 및 수수료

- 허가신청서, 면허세 18,000원
- 입주민 동의서 1부
- 도면(관리사무소, 구청에 비치됨) 1부
- 구조변경확인서(관리소장 발급) 1부
- 소유자를 확인할 수 있는 서류 지참

[참고 자료 : 서울시 홈페이지]

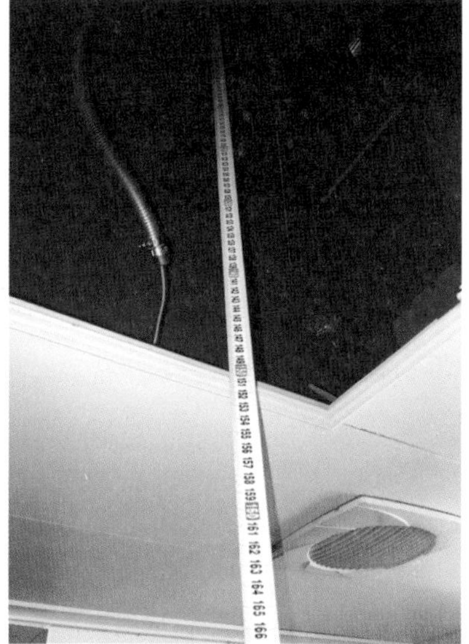

천장 높이 실측 결과와 주방 쪽 천장 등을 뜯은 모습

홈스테이징과 인테리어 상담을 갔는데, 막상 가서 보니 욕심이 날 만큼 천장 높이가 어마어마하게 높더란다. O 실장은 문득 떠오르는 영감(靈感)이 있어 양해를 구하고, 가장 손쉬운 주방 천장의 등을 뜯어 확인하고는 들뜬 마음에 부랴부랴 내게 전화를 걸어 보고한 것이다.
처음부터 그럴 계획이 아니었으므로 당연히 고객과 상의해야 했다. 한달음에 찾아가 현장을 파악한 후 고객에게 전화를 했다. 그런 계획이 가능하다는 것에 놀란 고객은 특별히 설득이 필요하지 않았다.
부부가 자녀의 학업 문제로 준비해 둔 오피스텔이었는데 할 수만 있다면 해 보자고 의기투합했다.

시공 전에 촬영한 실내 모습이다. 우리가 알고 있는 오피스텔들의 보편적인 모습과 다르지 않았다. 그러나 다른 곳보다 1.5배가량 높은 천장고는 이곳을 복층으로 꾸며 세상에서 하나밖에 없는 나만의 집이 되게 하겠다는 꿈을 실현 가능하게 했다.

"여기 카페예요?"

공사 후 집을 정리하느라 현관문이 열려 있었다. 마침 지나가던 이웃 주민이 변신한 집 안을 들여다보고는 카페냐고 물었다. 마음속으로 쾌재를 불렀다. 실제로 인테리어 공사와 홈스테이징에 참여한 모든 직원은 북카페를 염두에 두고 있었다.
현관문을 비교해 보면 높아진 천장을 가늠할 수 있다. 기존의 높이보다 1. 5배 가량 길어져 본래의 크기보다 훨씬 크고 웅장하게 느껴진다.

변신한 주방의 모습이다. 현관문을 들어오면 주방을 거쳐 거실과 2층 계단

까지 이어진다. 이곳의 분위기는 마치 북카페를 연상시킨다.
네이비 컬러와 원목 디자인의 계단판이 간결하면서도 눈에 띄는 이 집만의 포인트가 됐다.
노출형 계단으로 선택한 것에는 이유가 있다. 현관에서 주방을 거쳐 2층으로 가는 동안 골목길처럼 답답해지는 느낌을 갖지 않기 위해서다.

완벽하게 바뀐 거실의 모습이다. 어디서나 한눈에 들어오는 열린 복층의 형태를 갖추었다. 빈티지한 화이트 컬러의 원목 마루와 어우러지도록 대부분의 천장을 노출 천장으로 했다.
그 덕분에 30평의 집이 답답해 보이지 않고 넓어 보이며 오히려 확 트인 느낌을 갖게 한다.
학생방이 있는 2층이다. 가구나 마루와 벽지 등 밝고 환한 색으로 다른 색의 사용을 자제했다. 자칫 복층이 좁아 보일 수 있기 때문이다. 또한 천장과 가까워져 층간소음을 쉽게 느낄 수 있어 벽과 천장에 방음처리를 했다.

2층 침실의 침대는 과감하게 매트리스만 사용했다. 높고 과했던 침대의 헤드만 없어도 답답하지 않은 넓은 방으로 변신이 가능하다. 이런 팁은 크기가 작은 원룸이나 오피스텔에서 사용할 수 있는 홈스테이징 기법이다.

구조 개선과 인테리어 및 홈스테이징 완료 후 고객이 느낀 감동보다 작업한 우리의 감동이 더욱 컸다. 작업 과정과 결과를 모두 지켜본 안주인 고객이 말했다.

"여보, 우리가 살아도 되겠네!"

대학생인 자녀들의 학업을 위해 사용할 예정이었던 오피스텔의 변신에 고객 부부가 마음을 빼앗겼다. 지나가던 이웃 주민들마저 발걸음을 멈추고 지켜볼 만큼 화려했던 변신이다. 이처럼 나의 집이 조건만 갖추었다면 폼 나는 복층으로 변신이 가능하다. 이런 마법을 가능케 하는 우리로서도 매우 보람차고 열정적인 오래도록 기억될 작업이었다.

주방은 ㄷ자 모양으로 바뀌었다. 방 두 개의 모든 가구는 맞춤으로 제작됐고, 당연히 일하기에 편리한 동선을 고려했다.

에필로그

홈스테이징
인테리어의 완성은
정리 정돈

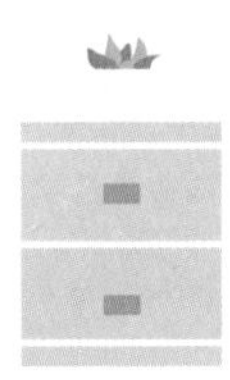

홈스테이징이 필요한 의뢰인의 집을 방문하면 대개 비슷한 문제점이 눈에 띈다. 바로 정리 정돈이다. 정리 정돈만 잘되어 있다면 집은 크게 이상해 보이지 않는다. 다르게 말하면, 정리 정돈이 잘된 집은 인테리어에 절반 이상 성공한 집이다. 그런데 많은 사람이 정리 정돈을 어려워하며 고충을 토로한다. 실제로 이런 이들을 위해 '정리 정돈 전문 업체'들이 운영 중이다. 처음에는 이런 일자리가 생겼다는 사실에 무릎을 쳤지만 한편으로는 가슴이 쓰렸다. 정리 정돈 전문 업체가 생길 만큼 바쁜 현대인의 삶에 조금 서글픈 마음마저 들었다. 그래서 묻고 싶다. 지금 당신의 집은 정리 정돈이 잘되어 있는가. 혹시 '수납공간 부족'을 핑계로 빈 공간에 물건을 마구 쌓아 두고 있지 않은가.

소형 아파트와 대형 아파트의 공통점

인테리어와 홈스테이징을 업으로 하고 있는 만큼 다양한 크기의 주택이나 아파트, 오피스텔 등을 만난다. 그리고 그곳에 살고 있는 고객들이 이구동성으로 공간이 좁다고 불만을 토로하는 것을 듣는다. 소형 아파트에 살고 있는 사람도 대형 아파트에 살고 있는 사람도 집이 좁다고 말하니… 고개를 갸우뚱할 수밖에 없다. 그러다 보면 정말 신기한 일이 생긴다. 소형 아파트야 그렇다고 해도, 꽤 넓은 중형 이상의 아파트도 현관에서 거실로 발을 들여놓으며 귀신에 홀린 듯 집이 좁다는 말에 고개를 끄덕이며 동의하게 되기 때문이다. 몇 년째 입지 않는 옷이 쌓인 옷장, 식탁 위에 마구 놓인 식재료, 온갖 책들이 뒤섞여 포개어 있는 책상, 아마존 밀림처럼 숨 쉴 공간이 없는 베란다 정원… 어디 한 곳 좁지 않은 곳이 없다.

당연한 말이지만, 집은 물리적인 크기가 중요한 것이 아니다. 정해진 공간을 어떻게 효율적으로 잘 쓰느냐가 훨씬 더 중요하다. 옷장에 1년 이상 입지 않는 옷들이 수북이 쌓여 있다면 집이 아무리 큰들 무슨 소용이 있을까. 버려지는 공간이 없도록 수납공간을 잘 활용하여 정리 정돈만 제대로 한다면, 소형 아파트도 대형 아파트처럼 쓸 수 있다. 잘 정리 정돈된 소형 아파트는 정리되지 않은 대형 아파트보다 넓다. 이것은 진리다.
인테리어와 홈스테이징을 원한다면 가장 먼저 정리 정돈을 습관으로 만들자. 정리 정돈이 얼마나 중요한지는 간단히 인터넷 검색만 해도 알 수 있다. 오죽하면 어머니의 몫일 법한 정리 정돈이 어린이 도서에까지 등장할까. 습관이 되지 않으면 어른이 되어서도 곤란을 겪는 것이 정리 정돈이다.

정리 정돈의 원칙

끼리끼리!
뭉치면 살고
흩어지면 어수선 ▶▶▶

쉽게 생각하자. 정리 정돈의 최우선 작업은 비슷한 물성끼리 뭉치는 데 있다. 수건은 수건끼리, 신발은 신발끼리, 화장품은 화장품끼리 모여야 한다. 물성과 상관없이 흩어져 한데 엉킨 물건들이 정리 정돈의 손길이 필요한 대상이지 않던가.

가족이 모두 일터나 학교로 나간 뒤의 아침 풍경을 생각해 보자. 전쟁터가 따로 없다. 어수선한 거실. 옷가지들이 여기저기 놓인 침대, 세면도구가 어지럽게 늘어진 욕실 등. 그래서 주부의 하루는 정리 정돈으로 시작된다. 단순하지만 가장 필요하고 힘들며 지루한 가사노동이다.

있어야 할 그곳,
제자리 ▶▶▶

고정관념을 깨뜨리는 재미가 쏠쏠하다. 그래서 나는 종종 남들이 하지 못하는 생각과 아이디어로 고객을 놀라게 하는 고정관념 부수기를 한다. 그러나 원칙은 있다. 반드시 지켜야 하는 사항이 있는데 그것은 고정관념이라기보다는 정석에 해당한다. 가령 안방의 침대를 욕실로 옮길 수는 없지 않은가. 욕실은 안방으로 옮겨도 안방의 침대는 욕실로 갈 수 없다. 옷은 옷장 속에 있어야 하고, 식재료는 주방 수납장에 있어야 한다.

더 이상 수납하기 힘들다면 과감하게 버리거나 필요한 이와 나눌 수 있는 마음의 여유를 갖자. 작아서 입지 못하는 옷처럼 버리거나 재활용할 것들은 옷장에서 잠재우지 말자. 정리 정돈이라고 쓰고 '나눔 하기' 혹은 '버리기'라고 읽는다.

'각'을 잡으면 정리 정돈이 보인다 ▶▶▶

단순한 비교이기는 하나 효과는 분명히 있다. 헝클어진 수건과 잘 개켜진 수건은 보는 이로 하여금 안정감에서 차이가 있다. 누구든 헝클어진 수건에서 안정감을 느끼지는 않을 것이다.
실제로 군대를 다녀온 사람이라면 누구나 '각'이 병영생활에서 얼마나 중요한지 안다. 네모반듯하게 꼭짓점을 정확히 맞춰 정리한 내무반의 옷장은 실제로 아름답지 아니한가. 사람은 모나지 않게 둥근 삶을 살아야 한다. 하지만 정리 정돈에서는 모서리를 정확하게 맞추는 각이 정답일 수 있다.
어느 고객의 집을 방문했더니 고가의 드넓은 아파트에 거실이 운동장만 했다. 마치 전시장에 들어선 것처럼 고가의 유명 브랜드 전자제품들이 눈에 띄었다. 최근 미세먼지 때문에 공기청정기를 놓는 가정이 많은데, 이 집에도 숲의 공기를 내뿜는다고 광고되는 특이한 형태의 공기청정기가 설치되어 있었다.

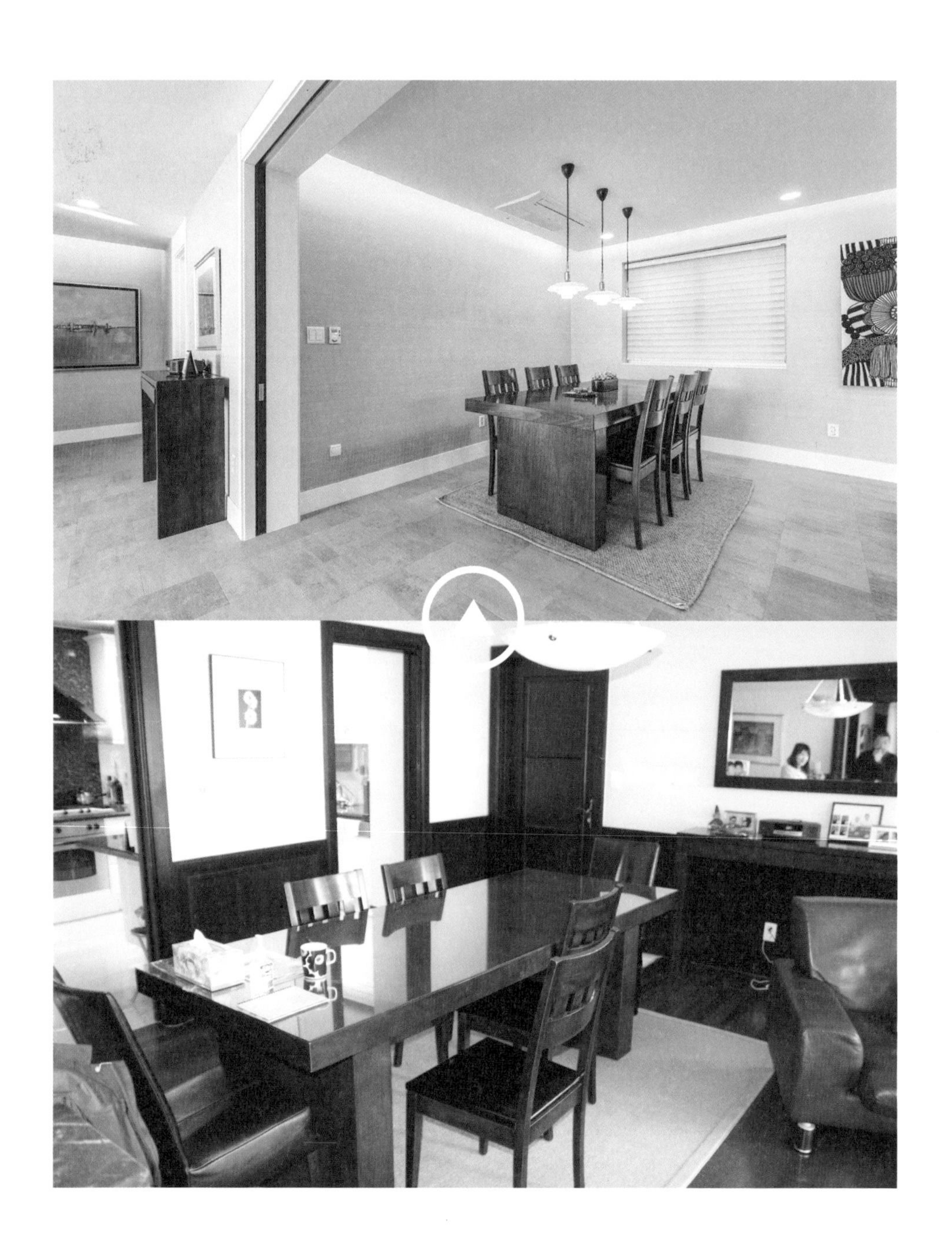

청소로 청결 유지, 숨 쉬고 살자 ▶▶▶

가구며 소품이며 전자제품 하나하나 값비싼 제품이 즐비했다. 그런데 자세히 들여다보니 놀랍게도 곳곳에 자리한 제품들은 고가의 브랜드라는 것이 무색할 만큼 먼지로 뒤덮여 있었다. 도대체 언제 청소했는지 짐작할 수조차 없었다.

홈스테이징을 하러 간 집에서 청소를 먼저 해야 할 상황에 놓이면 상당히 난감해진다. 홈스테이징과 인테리어 작업 후 재방문했을 때 또다시 청소가 필요한 상태라면 더욱 마음이 착잡해진다. 아무리 바쁘더라도 최소한 청소는 하고 살자. 건강을 위해서라도 청소는 필수다.

숨어 있는 1센티미터도 수납공간 ▶▶▶

나는 늘 최적의 인테리어를 고민한다. 혹자는 집 안을 가장 멋지게 보이도록 하는 것이 인테리어와 홈스테이징 전문가의 작업이라고 할지도 모르겠다. 그러나 거주자를 배려하여 최적의 환경을 만드는 것이 가장 먼저 일이고, 그다음이 멋지게 보이도록 하는 것이라고 생각한다.

어느 집에서건 수납을 고민하지 않을 수 없다. 집주인이 문서상으로는 남편이더라도 실제로는 아내가 집을 관리하고 살림하지 않던가. 특히 풍족한 수납공간은 주부의 기쁨이다. 침대 뒤, 계단 밑, 장롱과 벽 사이의 틈 등 숨어 있는 1센티미터의 공간도 훌륭한 수납공간이 된다. 어떻게 활용하느냐만 잘 고민한다면 누구나 스스로 할 수 있다.

다만 수납공간이 될 수 있는 빈틈이라고 물건을 대충 방치하는 것은 곤란하다. 그것은 수납이 아닌 눈가림일 뿐이다. 도토리를 잘 감춰 놓고도 못 찾는 다람쥐가 있다. 대충 방치한 물건을 어디 두었는지 잊거나, 그런 물건이 있었는지조차 아예 잊을 수 있다.